山西之变——中国内陆一叶的环境发展报告

山西之变

中国内陆一叶的环境发展报告

SHANXI ZHIBIAN
ZHONGGUO NEILU YIYE DE HUANJING
FAZHAN BAOGAO

◎李景平 著

中国环境出版社·北京

图书在版编目（CIP）数据

山西之变：中国内陆一叶的环境发展报告 / 李景平著 . — 北京：中国环境出版社，2013. 11

ISBN 978-7-5111-1479-2

Ⅰ . ①山… Ⅱ . ①李… Ⅲ . ①环境保护战略－研究报告—山西省 Ⅳ . ① X321. 225

中国版本图书馆 CIP 数据核字（2013）第 117646 号

出 版 人 王新程
责任编辑 董蓓蓓
责任校对 扣志红
装帧设计 金　喆

出版发行 中国环境出版社
（100062 北京市东城区广渠门内大街 16 号）
网　　址：http://www.cesp.com.cn
电子邮箱：bjgl@cesp.com.cn
联系电话：010-67112765（编辑管理部）
发行热线：010-67125803，010-67113405（传真）
印　　刷 北京中科印刷有限公司
经　　销 各地新华书店
版　　次 2013 年 11 月第 1 版
印　　次 2013 年 11 月第 1 次印刷
开　　本 880×1230 1/32
印　　张 5.75
字　　数 130 千字
定　　价 25.00 元

自序

绿色正在成为中国现代发展的一种颜色，也在成为山西现代发展的一种颜色。

绿色是一个过程，一个不断演进的过程。绿色也是一个结果，一个不断创新的结果。

绿色从理念开始，但不仅仅是一种理念。绿色从思想开始，也不仅仅是一种思想。绿色是一种实现。

山西曾经是中国污染严重的省份。山西多个城市曾经是中国城市污染之最。

20 年前，山西有人说，汾河死了，汾河只留下了挽歌。然而，山西人不屈不挠，提出："拯救母亲河"，20 年之后，汾河终于实现了改善。汾河源头 20 年来首次呈现一类水质，汾河上游 20 年来首次达到二类水质，汾河全线 20 年来终于贯通了哗哗流水。

10年前，山西有人说，山西污染严重，已经抢救无效。然而，山西人铁腕攻坚，提出：“摘掉污染黑帽”，10年之后，山西终于实现改变。山西摘掉了全国污染第一的帽子，山西城市全部进入空气质量二级标准，山西城乡间，即使在黑夜，也看到了蓝天白云。

曾经的理念，已经变为现实；曾经的号召，也已经获得实现。那么，现在呢？

中央提出：“建设生态文明”，提出“建设美丽中国”；山西提出“实现城乡生态化”，提出“建设美丽山西”。

这是又一种理念，也是又一种思想。我们又从新的理念出发，从新的思想启程，实现着一种新的跨越。

实际上，在辩证唯物主义实践者那里，理念，就从来不是虚无的理念；思想，也从来不是空洞的思想。

理念决定思想，思想决定理论，理论决定政策，政策决定措施，措施决定实践，实践决定实干，实干决定实现。

理念和思想，从虚处开始，从实处着手，从虚到实的过程，本身标志着一种实现，而这实现，就带来现实的改变。

这就是实现的过程。山西，又在经历着、实现着理念思想从落地生根到发芽成长、从发芽成长到开花结果的过程。

而今，山西正走在“转型发展、绿色发展、和谐发展”的道路上，可以预测，再过5年，这样的道路，带给山西的，必将是跨越发展的实现。

而今，山西正推进“绿化山西、气化山西、净化山西、健康山西”的步伐，应该相信，再过10年，这样的步伐，带给山西的，必将是生态山西的实现。

而今，山西正加快工业新型化、农业现代化、市域城镇化、城乡生态化的速度，我们坚信，再过20年，这样的速度，带给山西的，必将是美丽山西的实现。

山西正拉动绿色实现的引擎，正踩动环境友好的马达，正开足生态建设产业化和产业发展生态化的加速器，迅猛地，建设着生态文明的美丽中国和生态文明的美丽山西。

绿色，将成为中国的颜色，也将成为山西的颜色！

美丽，将成为中国的形象，也将成为山西的形象！

2012年12月16日　于太原汾河岸畔

目录

山西环保精神[1]

国家环境保护总局局长周生贤在2007年全国环保厅局长会议上提出，全国的环保局长要有一种刘向东精神。

什么是刘向东精神？刘向东精神就是山西环保精神，就是山西环保新政所尊崇的环保执法的精神。

山西环保精神的内涵在于，以高度的政治责任履行职责，以果敢的政治胆略严格执法，以无畏的政治勇气打造铁腕，以决胜的政治气概开拓创新，为扭转和改变山西环境形象而励精图治竭诚奉献。

山西环保精神，就是敢于用权的精神，敢于把环保执法权力使用到极致

在严峻的环境现实面前，中国环保界被一种观念长期统治，认为中国的环保法是“软法”，环保执法者面对违法者常常束手无策无可奈何。“软法”的说法也许切中了中国环保法的软肋，但以“软法”为借口而消极应对，则恰恰忽略了环保法治应有的“硬度”。环保法的“硬度”在哪里？在环境影响评价和限期治理制度里。环

① 本文发表于2007年3月8日《山西经济日报》、2007年3月21日《山西日报》。文章观点曾被中国人民大学公共政策研究院“山西环保新政研究课题”介绍和引用。

境影响评价法律规定，对没有履行环评手续的建设项目，环保部门有权责令其停止建设；污染源限期治理法律规定，对污染物排放不达标的企业，环保部门有权建议政府下达限期治理直至停产治理。国家环保总局曾经刮起“环保风暴”，凭借的就是环评法和限期治理法律规定。山西环保执法的强硬手段在于，不仅敢于对违反环评法和污染不达标企业停产关闭，而且，敢于对环境违法现象严重的区域实施打击，停止环境违法严重区域环保部门的环保审批权和停止对该区域所有项目的环保审批。这也就是后来全国实行“区域限批”政策的起源。用足政策，开创新政，重施法权，营造法威。山西环境执法创造的意义在于，敢于依据中国环保法制的规定，发掘中国环保法治的潜力，把环保执法的权力使用到极致，使山西环保新政在现实困境中显示出强劲的威力。

山西环保精神，就是敢于碰硬的精神，敢于瞄准环境违法大户开刀试问

中国的环境违法大户，大多属于国家利税大户和地方财政支柱，实力雄厚、地位显赫、声名卓著，其政治触角要多广有多广，社会关系要多深有多深。既是地方保护主义保护的重点，也是地方保护主义依赖的靠点。在环境违法大户眼里，法律是当权者手里的玩器，是企业家兜里的钱币，有权有钱，没有什么是不可逾越的。而在山西环保人眼里，法律就是高压线，违法就要受到制裁，执法没有非法律标准，关键在于敢不敢碰硬，敢不敢以坚强铁腕打击环境违法行为。他们把山西最大的国有企业治在了严查重处的铁腕之下，他们把山西最大的合资企业治在了严查重处的铁腕之下，他们把山西

最大的民营企业也治在了严查重处的铁腕之下。不管污染大户背景有多深，靠山有多大，来头有多凶，只要违法，绝不放过：该处罚的处罚，该治理的治理，该停产的停产，该关闭的关闭。不仅处理事，而且处理人：该立案的立案，该查办的查办，该追究的追究，该处分的处分。铁腕执法，动真碰硬，高压治污，锐意突破。山西铁腕行动的深蕴在于，他们能够判断中国环境保护的大势，把握中国环保法制的趋势，抓住中国环保执法的世纪机遇，把环保法治的气势张扬到恰好，使山西环保执法在污染重围中挺起了坚强的腰杆。

山西环保精神，就是敢于创新的精神，敢于强势联动打造环保统一战线

中国的环境保护孤军奋战长期困守，违法者嚣张，执法者无奈，导致环境执法处于尴尬境地。周生贤在中国科技界提出环保统一战线的发展构想，刘向东以创新思维推而广之，提出并且强势打造了行政执法的环保统一战线。与组织部门联合创立对地方保护主义执行否决的机制，切断环保无为官员的升迁线；与金融部门联合出台对环境违法企业执行停贷的政策，切断环境违法企业的贷款线；与电力部门联手出台对环境污染企业执行停电的措施，切断环境污染企业的动力线；与运输部门联合出台对环境破坏企业执行停运的文件，切断环境破坏企业的运输线。地方官员最怕什么就运用什么手段，污染企业最怕什么就施以什么方式。强强联手筑起绿色壁垒，地方保护主义和环境违法企业终于被死死扼住了生存命脉。环保法治走出了执法不到位违法全方位、执法成本高违法成本低的困境，实现了由孤军突围到联手清剿的战略反攻。强势出击，强行封杀，

大军压境，全线围歼。山西部门联动的效应在于，强化了环保执法的杠杆作用，放大了环境保护的调控职能，找准了环境保护驾驭市场经济的渠道，使山西环境法治在市场经济进程中形成强大的同盟。

山西环保精神，就是敢于奉献的精神，敢于不怕丢官不怕丢名为民执政

中国的环境保护始终处于同破坏环境作斗争的第一线，即使运筹于帷幄，其实也决战在千里。刘向东直面环境现实逼视污染矛盾为山西百姓呐喊，刘向东批判环境现实揭露污染黑幕与违法者坚决斗争，刘向东改变环境现实扭转污染趋势对牺牲环境现象发起总攻，使他成为风口浪尖上的环保英雄，也使他将个人名誉地位置之度外。对环境违法行为的绝地反击，对地方保护主义的无情进击，对于落后生产方式的沉重打击，招来环境污染阵营的恐吓和地方保护主义的威胁，也招来了形形色色的说情与里里外外的告诫，然而始终不能动摇和消弭的，是其环境执法的锋芒和不怕丢官的锐气。作为官员不怕丢官，作为领导不怕毁誉，作为政府高官连丢官丢名都不怕，还怕什么呢？老百姓说，如果因为与污染斗争而丢官去职，我们联名上阵为刘向东请愿。不怕丢官就赢得了斗争，不怕丢名就赢得了支持。不惜牺牲，自堵退路，壮士断腕，绝然奉献。山西环保奉献精神的内涵在于，他们深得环境执政的民生宗旨，深悟环境执法代表的根本利益，深知紧贴民生就获得了民心、奉献于民就获得了民意，这使山西环境行政于履行使命中拥有了巨大的活力。

山西环保精神，就是敢于攻坚的精神，敢于步步紧逼层层加压不给污染者喘息的机会

中国的环境问题，尽管积久积多积重难返，然而积重也得返，难返也得返。刘向东进入环保即以零距离切入，一切入就直插污染心脏。绝地反击，由企业而行业，由行业而政府，由政府而区域，步步为营步步逼近，步步围剿步步紧逼，只争朝夕长驱直入，将污染赶向末路穷途。战略反攻，本应有开局之年、突破之年、推进之年、攻坚之年、决胜之年，但刘向东刚刚打胜开局之年，就一跃而跨越了突破之年和推进之年，直接进入攻坚之年。只有进程而没有停顿，只有速度而没有距离。超常规的战略思维，跨越式的发展步伐，不只是缩短了时间上的距离、空间上的距离，而且缩短了心理上的距离、思想上的距离；不只是超越了体制上的障碍、环境上的障碍，而且超越了精神上的障碍、意志上的障碍。无畏攻坚，超常跨越，勇往直前，义无反顾。山西环保攻坚的执著正在于，其体察到中国政府解决环境问题的压力，意识到落实科学发展观的紧迫，把环境保护当做在打一场波澜壮阔的围剿战争，使山西环境攻坚在摧枯拉朽中呈现豪壮的气势。

山西环保精神，就是敢于决胜的精神，敢于向人民立下军令状誓摘山西污染第一的帽子

山西是中国生态环境破坏的缩影，也是中国环境污染最严重的省份。环境污染的全球第一和全国第一，成为山西人头顶的耻辱，也成为心中的疼痛。就是在这个时候，山西选择了刘向东，环保选

择了刘向东，而刘向东和他的环境保护团队，则选择了拼搏，选择了苦斗，选择了决胜。他们立誓要摘掉山西全国污染最重的黑帽子，他们决心要改变山西环境形象和环境质量，他们承诺要为山西人民再造碧水蓝天。他们以开全国之先的做法把环境改变作为科学发展实践的一场革命，他们以创全国第一的业绩将环境友好作为和谐山西建设的巨大创造。终于，山西全国污染第一的城市临汾退出了第一，山西全国污染第二的城市阳泉退出了第二，国家规定的约束性指标在全国不降反升的情况下山西则大幅度下降。一鼓作气，旗开得胜，屡战屡捷，决战犹酣。山西环保敢于决胜的气概在于，他们预示到中国环境保护的政治走向，洞悉到中国环保进程的未来趋势，他们坚信塑造环境形象就是塑造执政形象、塑造政治形象，他们使山西环境形象的建设成为和谐社会建设的重要引擎。

山西环保精神的实质，就是以强势出击的现代环保实践，将党的环境保护政治意志转化为环境政治行为，把中国的环境保护国家意志实现为环境法治壮举。刘向东无疑是以政治家的远见与气魄、战略家的胆识与谋略、改革家的思考与理想，在追求中国一流的环境保护社会影响和社会效应！

刘向东说，山西的环境污染是全国一流的，一流的环境污染，必须以一流的工作才能改变。我们必须拿出一流的环保业绩，彻底改变全国一流的环境污染。

山西环保精神对于中国的新世纪环境保护，无疑是标帜性的。山西作为全国“一流”环境污染能被改变，那么中国环境形象的改变还是问题吗？

山西环保作风[1]

2008 年春天，山西省省长孟学农率多位山西政府高官，走进山西省环境保护局，举行节能减排专题会议。孟学农多次肯定山西环保部门的工作，并号召指出：山西环保部门做了大量落到实处的工作，全省各个部门都要向“环保”学习，确保节能减排真正落实。

那么，向“环保”学习什么？山西环保部门的工作实践充分显示：实干，是山西环保部门的显著作风。向“环保”学习，就应该学习山西环保部门唯实的作风，学习山西环保部门求实的作风，学习山西环保部门落实的作风，学习山西环保部门把理想变为现实的作风。

山西环保作风的实质，是把党和国家的环境保护意志落实为环境保护行动的作风，是将人民的环境保护愿望落实为环境保护现实的作风，是将自身的环境保护使命落实为环境保护实践的作风，是将人民政府的环境保护规划落实为环境保护实效的作风。

山西环保作风，就是敢于正视现实的作风

正视现实，是唯物主义执政者的独特风格。山西环境问题全国

① 本文发表于 2008 年 5 月 21 日《山西经济日报》、2008 年 5 月 28 日《山西日报》。

最重，山西环境质量全国最差，山西重点城市空气污染在全国排队连续几年“独占鳌头”，但人们总是说，山西是全国污染最严重的省份之一。山西环保部门正视现实，坦然陈述：我们不只是全国污染最严重的省份之一，而且是全国污染最严重省份之中的第一。他们提出，不下定大决心，不敢用真功夫，不拿出克难攻坚的勇气，不作出血与汗的奉献，不付出真抓实干的努力，就无法向党和人民交账，无法向子孙后代交账，无法面对环保卫士的光荣称号。应该说，正视现实就是正视问题，正视问题就是正视矛盾，而正视矛盾，一定意义上就是正视自己。山西环保部门正视现实激起的是直面环境现实和改变环境现实的巨大勇气，在环境污染之最和环境行政之难之间，他们选择了改变这“最难”现实的决绝突破。这，是山西环保部门实干的认识论基础。

山西环保作风，就是严于较真求实的作风

较真求实，是唯物主义实践者的高贵品质。山西环境形象不佳，山西环境质量不好，山西环境危机令人着急，但在有的地方，却竟然发生擅自移动法定环境监测点位的事情。山西环保局立即通报批评制止纠正并严加查处，对各级环保官员实施诫勉谈话，且言语铿锵力透纸背：必须坚持法定监测点位不动摇，坚持法定监测规范不动摇，坚持法定监测方式不动摇，以真实的监测取得真实的数据，以真实的数据反映真实的指标，以真实的指标显示真实的环境。弄虚作假不是共产党人的品质，以改变环境监测点位来代替环境质量的改善，令人羞愧，为人不齿！他们不相信，靠共产党的真抓实干，改变不了山西的环境质量！可以说，较真求实就是实事求是，实事

求是就是追求真实，而追求真实，就不允许任何意义、任何方式上的作伪或者巧变。山西环保较真求实求出的是改变环境现实与改变环保方式的双重严格，在环境污染之重和环境治理之急之间，他们选择了科学、认真和规范的求证精神。这，是山西环保部门实干的方法论所在。

山西环保作风，就是精于狠抓落实的作风

狠抓落实，是唯物主义行政者的高度职责。山西环境形势恶劣，山西污染减排艰巨，山西改变环境面貌呼声紧迫，但山西环境决策的贯彻，却曾经多是从文件到文件，从会议到会议，见诸落实困难重重。尽管许多人跑向基层，尽管许多人跑进企业，但“跑”的人走了，污染照旧。要走出这种悖谬，唯在反拨。山西省环保局为此创立规则整肃纲纪，打造出行政落实的责任机制：从环保部门抓起，实行首问负责，对不落实的人，追究；从部门联动做起，实行统一战线，对不落实的事，追究；从党政领导动起，实行环保考核，对不落实的官员，追究；从社会全方位发起，实行公众监督，对不落实的任务，追究到底。终于，官官落实，环环落实，层层落实，污染减排落到实处。应该说，狠抓落实就是狠抓责任，狠抓责任就是狠抓人的落实，而抓人的落实，就必须人人危机、人人紧迫、人人执行，而不是人人扯皮。山西环保狠抓落实瞄准的是追求官员政绩和强调环保业绩不再脱节，在污染减排之重和减排责任之重之间，他们选择了鼎起这种重任的政治压力。这，是山西环保部门实干的施政论要义。

山西环保作风，就是强于动真见实的作风

动真见实，是唯物主义实干家的固有本性。山西环境压力重如泰山，山西环境灾难愈演愈烈，根源在于山西环境违法久已为患，却长久未获根本遏制而终致环境破坏积久积重。虽然也曾举起过环境法治的大棒，但落下来却并没有刹住环境违法。山西环保新政不是这样，而是举起环境法治就不再放下：连连对环境违法大户开刀试问，连连对环境违法区域开刀试问，连连对环境违法官员开刀试问。要做事就把事情做大做强做实，做到让违法者疼痛不已甚至于忍痛割爱，而绝不让违法者不痛不痒！遭遇过恐吓，遭遇过利诱，也遭遇过巨大的压力，但他们铁面不改铁腕不移，终使违法者败北在铁腕之下。可以说，动真见实就是真刀真枪，真刀真枪就是刺刀见红，而刺刀见红，就不怕明枪暗箭，不能患得患失更不能优柔寡断。山西环保动真见实打响的是破解环境污染怪圈和破解环境违法难题的强势进击，在环境违法之烈和污染威胁之猛之间，他们选择了刀对刀枪对枪棒对棒的强攻之态势。这，是山西环保部门实干的实战论精髓。

山西环保作风，就是敏于将目标超前实现的作风

目标超前实现，是唯物主义理想家的现实挥洒。山西污染减排目标 5 年降低 10%，化学需氧量降低 13%，二氧化硫降低 14%，许多人担心不能够完成，许多人谓之不能够实现。山西环保人对此从来没有过怀疑，而是意气风发挥斥方遒，谈笑间，樯橹灰飞烟灭。

他们超前构想，超前策划，超前执行，一万年太久，只争朝夕：限令城镇按时完成治水工程，勒令企业提前完成脱硫任务，责令城市超前完成减排目标。打破常规思维，超越现实羁绊，提前跨入未来。在别人污染减排指标不降反升之际，山西污染减排指标双双下降；在别人污染减排指标开始下降之时，山西承诺提前两年实现二氧化硫减排 14% 的计划目标。应该说，超前实现正在于超前思维，超前思维正在于诗意想象，而诗意想象，实质上是一种诗人气质和军人气派的高度融合。刘向东在本质上是一个豪放派的“诗人”，他的诗不是写在纸上也不是写在书上，而是写在经济与环境悖逆的现实大地，写在时间与空间交汇的时代前沿。这，是山西环保部门实干的执行论内涵。

山西环保作风，就是善于将理想变为现实的作风

理想变为现实，是唯物主义政治家的战略实践。山西要摘掉全国污染第一的黑帽，山西要改变全国污染最重的形象，这是山西的理想也是山西的承诺。然而不少人认为，山西的污染积重难返，理想和承诺也仅仅是一种理想和承诺。但刘向东却就紧紧握住了这个理想和承诺，并铺开山西环保攻坚的时代激战：刚打完突围之役，就转入挺进冲锋；刚结束挺进冲锋，就跨入南征北战；而刚进入南征北战，又发起攻坚决战……终于，在 2007 年结束的时候，山西临汾摘掉了全国污染第一的帽子，山西阳泉摘掉了全国污染第二的帽子，山西大同摘掉了全国污染第三的帽子，山西五个城市彻底退出全国污染最重的 10 个城市之列，山西，甩掉了全国污染第一的黑帽子。我们可以说，理想变为现实，意味着人民意志的实现，国

家意志的实现，而国家意志和人民意志，正高度体现为我们执政党崇高的政治意志和政治理想。山西环保以此为天职，终于把湛蓝的天空，重新举在了山西的头顶，也举在了人民的头顶，他们创造了一个崭新世纪巨大的绿色解放。这，就是山西环保部门实干的全部归宿。

山西环保部门要为中国趟出一条强势环保的道路，他们真的做了，而且，真的做成了。他们把污染踩在了脚下，把晴空举上了头顶。他们真的为中国环境保护趟出了一条前所未有的实实在在的道路。这是中国环境保护历史性转变的新的道路，这是中国环境保护走向科学发展未来的新的道路！

就像中国环保部部长周生贤所说：刘向东身上有一种完全置生死于度外的，为国家和民族做事的精神。就像中国环保界泰斗曲格平所称：山西环保部门树立起了监督管理的权威，我赞赏山西环保精神，山西环保的做法值得全国学习。

山西环保精神，就是山西环保创立的中国环保的精神。山西环保做法，就是山西环保打造的中国环保的气派。那么，山西环保作风呢，就是山西环保创造的中国环保的作风。我们应该高高地，高高地，举起——这种作风！并且，让这作风，不仅成为山西环保，而且成为中国环保的强劲的绿风！

山西环境政治[1]

山西环境保护正在进入一个环境政治的时代。这个时代的标志就是，环境意识正在渗透于社会政治经济生活以及党和政府的执政方式，成为政治人物的理性自觉。

在国际金融危机危及中国经济发展的时候，山西一边在加大市场投入，扩大社会内需，一边却在关停污染企业，淘汰落后产能。山西的干部们深有感悟地说，这在传统发展模式主导社会经济的时期，是完全不可能协调的事情。

这表明，山西经济发展毫不动摇，环境保护也毫不动摇；表明环境保护进入山西政治经济主干线和大舞台，环境政治，成为山西社会经济实现科学发展的新标志。

元旦前夕，山西省举行经济工作会议，山西省委书记张宝顺高度强调，2009年，山西经济社会发展，要重点抓好生态环境建设，加强资源节约和环境保护，完善节能减排指标考核体系，实行严格的“环保奖惩制”和“一票否决制”，山西要加快实现科学发展、安全发展、转型发展。

---

① 本文发表于2009年1月2日《中国环境报》。原题为《环境保护进入山西政治经济大舞台》。文章发表后，被网络媒体转载。

环境保护一票否决：山西省委纲领性文件新要求

环境保护成为山西实施科学发展的杠杆，在区域经济社会发展考评中占有越来越重要的位置。

山西省安泽县委书记梁若皓对此深有感触。他说，他所在的安泽县，空气是甜的，流水是清的，山川是绿色，但在以前，不用说在全省，就是在临汾地区，排名也是在落后位置。然而现在，安泽县在山西全省、临汾全市科学发展考核排名中，都大大跨前了。这个被称为生态县的县委书记说话时，黝黑的脸上眉飞色舞放着光彩。

安泽县委书记所说的科学发展考评，是山西省科学发展综合考评体系。这个考评体系是山西省委、省政府在2007年出台的。在学界探索绿色GDP的时候，山西却在全国率先将环境资源指标作为市县经济社会发展和干部考评的砝码。

新的考核评价体系包括5个方面44项指标，社会发展方面指标占28％、经济增长方面指标占27％、资源环境方面指标占24.5％、科技进步方面指标占11％、人民生活方面指标占9.5％。环保指标首次列入考核体系并且权重占到近1/5之重，这凸现了环境保护对科学发展考评的重要作用。

就在2007年考评中，山西省进入全国经济百强的孝义市和河津市，在省内科学考评中却因环境违法现象和环境污染严重而没有受到表彰，成为因环境问题被刷掉的第一批经济强县。而也就在这一年，山西地方领导干部因在环境违法和环境污染问题上负有责任而被查处的，竟高达76人之多。这一年，被称为震撼山西政坛的“环保问责之年”。

这令山西许多城市及其领导干部猛然醒悟：不重视环境保护或者放任环境违法行为并以牺牲环境换取经济增长的时代结束了，不重视环保就不是好干部，不抓环保就不是好干部。此后，许多城市提出了“生态立市”战略，提出了转型发展的道路，开启了山西城市绿色转型的发展时代。

绿色发展的动力，来源于环境保护的现代思维，来源于科学发展的政治决策。就像山西省委书记张宝顺在2006年举行的中共山西省第九次党代会所提出，要树立科学发展的理念，确立科学发展的价值取向，形成科学发展的模式，健全科学发展的体制机制，强化科学发展的薄弱环节。

这位被称为环保书记的省委书记要求，要从经济社会发展的需要出发，真正做到利用资源与保护资源一起推进，产业竞争力与环境竞争力一起提升，经济效益与生态效益一起考核。要将资源环境生态工作作为评价发展成效和工作实绩的重要内容，作为领导干部考核的重要内容和选拔任用奖惩干部的重要依据，坚决实行环境保护的“一票否决”。

环保“一票否决权”就这样进入了山西省委纲领性文件，成为山西科学考核的重要内容，并且，被提升到前所未有的高度予以实施。由此，环境保护成为经济发展的杠杆而走进政治经济主渠道，成为山西政治经济决策的着力点。山西经济社会科学考评机制由此形成。

节能减排指标：山西党政领导的“一把手工程”

在传统的社会政治经济发展思路中，不仅没有环境保护概念，而且更没有环境保护的理念。而今，山西政界官员高度关注和牵挂环境问题，意味着执政理念和执政思路的转变，意味着环境问题在政治领域获得了一种实实在在的提升，也意味着环境政治在社会领域获得了一种崭新的落实。

环境保护提升到山西政治经济高度，使环境保护政策得到强有力的执行，环境保护法律得到强有力的实施，环境保护民意得到强有力的彰显，环境质量得到强有力的改善。

在山西，实施节能减排和建设蓝天碧水工程，成为集中体现环境政治执行力的“一把手工程”。山西所有城市的党政“一把手”，没有一个不亲自抓节能减排和蓝天碧水建设的。

临汾市委书记、市长亲自指挥爆破污染企业，并提出，节能减排是书记、县长的头号任务，所属县市在全省环境质量考核和污染减排考核中，如果哪个市县落在全省倒数后五位的位置，就请书记、县长引咎辞职，或者，就地免职。

吕梁市委书记、市长在国家环保总局对吕梁“区域限批”之后，感到当头一棒，作为山西最贫困地区，市长亲自电视讲话，痛下决心，忍痛割爱，提出壮士断腕的治污措施，牺牲近百亿元产值捣毁污染企业，一举改善了环境质量。

忻州市委书记、市长亲自主持召开全市环保“百日攻坚”动员大会，接力性地铺开三个“百日攻坚”行动，市长告诫各位县长、区长：请不要撞在节能减排的枪口上，请不要踩在环境保护的雷区上，谁撞上了踩上了，谁就粉身碎骨。

阳泉市委书记、市长把节能减排作为第一任务，拧住环保紧抓不放，主动到环保部门现场办公解决困难，并同环保执法人员登上砑石山督促治理，阳泉市成为山西第一个摘掉污染帽子的城市，获得了省政府第一个100万元重奖。

2007年，临汾、阳泉、大同，一举甩掉了全国污染第一、第二、第三的黑帽子，而且，因环境质量改善幅度大，临汾、吕梁、大同、长治、晋城、晋中、忻州，各获得山西省政府200万元奖励，7个城市第一次共享1 400万元重奖。

2008年12月31日，太原市迎来了2008年的第302个二级天，全省11个重点城市的环境空气质量二级以上天数全部超过302天，也超过了2008年的目标天数，环境质量实现了历史性突破。按照山西省政府不久前出台的《山西省环境污染治理考核及奖惩暂行办法》，这些城市将获得最高300万元的重奖和1 000万元环境保护能力建设奖励资金。

环境质量指标成为山西各级政府的关注点，山西党政领导争先恐后改善环境质量，山西整体环境形象实现了实质性扭转。环保荣誉，成为山西地方政府最感自豪的荣誉；环境质量，也成为山西科学发展的试金石。而支撑这一切的背后，正是山西党政领导干部的环境政治意识和环境政治责任。

环境政治治理：山西领导干部的环保新共识

环境保护是一个技术问题、经济问题、发展问题、社会问题，但在当代经济社会大背景下，环境保护更是一个政治问题。这是刘向东在3年前出任山西省环保局局长发表就职演说时就指出的。

刘向东说，环境保护关系到科学发展观的落实和经济的可持续发展，是党和政府以人为本、情系民生的重要体现，所以环境问题不仅仅是自然、经济和社会问题，而且是一个严肃的政治问题。

刘向东说，环境保护是国家意志和政治意志，我们一定要把山西省委、省政府的环境保护政治意志转化为环境保护的实际行动，变压力为动力，着力解决危害人民群众健康的突出环境问题。

刘向东说，为什么要站在讲政治的高度认识和推动环保工作？环境保护体现发展大局，讲环保就是讲政治。政治问题必须依靠政治的力量推动和保障，我们就是要依靠政治力量推动环境保护。

在山西政界，环境政治已经成为一个环境保护的新词汇和硬措施。山西的组织、环保、纪检、监察部门达成共识，政治路线确定之后，干部就是决定因素，严肃的政治任务必须依靠铁的纪律保证。于是，山西出台了《山西省政府环境保护目标责任制》、《党政领导干部环保实绩考核办法》、《违反环境保护法律法规处分办法》以及《关于市县党政主要领导科学考评暂行办法》，建立了环境政治责任机制。

在山西环保界，依靠政治的力量并以政治力量统领环境经济、环境法治、环境科技力量解决突出环境问题，成为山西环保在污染中突围，环境质量在艰难中改善的突破口。刘向东以环境政治统领环境法治力量，开创了全国环保执法“区域限批”的先河；统领环境经济力量，打造了“停贷、停电、停运”的经济制裁机制；统领环境科技力量，建成了全国第一套污染源自动监控系统；统领环境工程力量，率先在全国全部建成电厂脱硫设施；统领环境民主力量，形成了社会对于政府环保责任和企业环保责任的广泛监督。

在山西企业界，服从节能减排之环境政治大局，也成为一种企业社会责任和环保责任的高度体现。坐落在晋城市的山西兴高能源股份有限公司，这个花园式企业的董事长郜志成说，现在干企业就是在干环保，环保成为政治任务，企业就要履行政治职责完成政治任务。民营企业也是社会主义的民营企业，不支持政府的政治治理就不是负责任的企业。

在山西环保新政开启的2006年，山西一项环保社会调查表明，90%的党政领导干部居然认为，环境保护会影响经济发展，而今，这样的认识在领导干部中已经没有了市场。稷山县县长乔登州说："现在环保压力已不是环保压力，也不是经济压力，而是政治压力。不仅当县长不抓环保不行，当县长抓不好环保也不行。当官不抓环保的时代过去了。"像乔登州这样的领导干部在山西不是少数。他们讲，要站在讲政治的高度，把环境保护紧紧抓在手上。有的市长、县长则干脆讲，环保任务就是政治任务，不抓环保就是不抓政治。

于是有观察者和研究者说，政治的力量是巨大的，山西环境保护正在进入一个环境政治的时代。这个时代的标志就是，环境意识正渗透于社会政治经济生活以及党政组织的执政方式，成为政治人物、决策人物和施政人物的理性自觉。

山西的环境保护在环境政治的作用下，正在越来越成为一种显示政治执行力的社会强势力量。观察者预测，今后相当一个时期，环境政治的方式，将成为山西环境保护的领导方式；环境政治的力量，将成为山西环境保护的领导力量。

山西环保经验[①]

2009年1月5日，山西省委书记张宝顺在全省空气质量报告上批示指出，2008年全省环境空气质量大为改善，省环保部门及各市县做了大量卓有成效的工作，值得总结经验。

2009年1月21日，山西省省长王君在全省节能减排报告上批示指出，2008年全省节能减排工作成效明显，说明措施对路，工作有力度，要很好总结以往的经验，取得新成绩。

在此之前，2008年8月4日，环境保护部部长周生贤曾在山西重点区域环境整治报告上批示指出：山西省委、省政府重视，决心大，部署认真，狠抓落实，初见成效，经验值得推广。

那么，山西环保经验是什么？山西环保经验，就是山西环保新政所创造的以环境政治措施强化环保责任的经验，以环境经济措施推进环保联动的经验，以环保法治措施打造环保强势的经验，以环境科技措施创新环保监控的经验，以环境工程措施发起环保攻坚的经验，以环境宣传措施高扬环保精神的经验。

---

① 本文发表于2009年5月20日《中国环境报》。文章观点曾被中国人民大学公共政策研究院“山西环保新政研究课题”介绍和引用。

山西环保经验，在于以环境执政理念，熔铸环境保护的执政机制和执政引擎，形成环境保护的政治高压，迫使党政官员履行环保责任

山西认识到，环境保护是党和国家的政治意志，解决环境问题必须上升到执政高度，依靠政治力量加以解决。山西省委书记张宝顺提出，山西绝不要污染的GDP，绝不要带血的GDP，绝不要损害人民根本利益的GDP。由此，环境思维成为山西官员的执政思维，环保任务成为山西政坛的政治任务：环境保护工作，有条件要上，没有条件创造条件也要上；环境质量改善，有理由要改善，拒绝任何理由也要改善；甚至牺牲暂时的经济增长，也要为人民创造良好的生存环境。山西以环境执政决心实行对唯经济增长模式的反拨，以环境执政措施实施对环保与经济关系的扭转，以环境执政机制实现对官员政绩坐标体系的重建。

为此，山西在全国首创建立并实行了党政领导干部科学考评机制，使环境保护在科学考评指标体系中占到20%的权重；山西建立并实行了领导干部环境保护责任制、考核制、奖惩制和否决制，使环境执政能力在干部政绩考核中发挥着倒逼和激励作用。对环境保护不作为、作为不规、作为不好的干部，坚决给予追究；对环境保护不履职、履职不严、履职不力的官员，坚决给予问责；对环保考核不进步、进步不大、排名退步的领导，坚决给予否决；对环境质量不改善、改善不了、改善不好的政府，坚决批评警告；而对环保考核好、环境保护好、环境质量好的政府和官员，坚决予以重奖。

环保考核是环境执政机制的显著突破。2006—2008年，在山

西经济发展中排名第一、第二并进入全国百强的县市，因环境污染被否决了评优资格；山西政坛有高达80人之多的党政官员，因环境违法问题受到党纪政纪处分；而8个重点城市，因环境质量改善并退出全国排名落后位置，获得了省政府重金奖励。在环保考核的高压下，山西政坛官员普遍感到，环境保护已经成为一种政治压力和政治动力，当官不履环保职的时代一去不复返了，环境保护业绩可以影响甚至决定领导干部的政治命运。于是，党政领导干部都把环境保护作为“一把手”工程，几乎每天关注和关心环境质量指数。环境执政机制，成为山西科学发展最核心的驱动。

山西环保经验，在于以环境经济措施，坚挺环境保护的经济制约和经济制裁，形成环境保护的部门联动，迫使经济主体实现绿色抉择

山西认识到，环境问题本质上是经济发展问题，经济发展模式影响环境质量也影响经济质量。山西省委书记张宝顺指出，环境问题是影响山西形象的污点，是妨碍山西经济的短板，是制约山西发展的瓶颈。所以，解决环境问题必须从经济结构入手，以环保制约和环境制裁作为转变增长方式的杠杆：不环保的项目，不论规模多大，市场多好，坚决不能批；该淘汰的企业，不管理由多少，困难多大，坚决不能留；即使影响经济、影响增长，也坚决在所不惜。山西就是要以环境经济制约扼制污染型经济的咽喉，以环境经济制裁切断污染型发展的命脉，以环境经济对策实现对山西经济发展政策体系的重塑。

为此，山西环保部门与计划、国土、工商、安全部门联手，高度强化对于经济建设项目的制约机制，所有经济建设项目，没有环保部门审批，计划部门不予立项，国土部门不予征地，工商部门不予发照，安全部门不予发证；与金融、电力、运输、供水部门联动，建立了对于污染淘汰项目的制裁机制，所有污染淘汰项目，只要上了环保部门的黑名单，金融部门予以停贷，电力部门予以停电，运输部门予以停运，供水部门予以停水。山西卡住污染型企业生命线和生存线，逼其抉择，逼其淘汰，逼其调整，逼其转型。企业最害怕什么就治之以什么，找准污染企业的软肋，就没有解决不了的问题。

部门联动是环境经济措施的显著突破。2006—2008 年，山西实施部门联动，出台并实施了 20 多项新环境经济政策，形成强大的环保制裁机制，对落后生产方式实行围追堵截，取缔污染企业 10 000 多家，淘汰落后企业 4 000 多家，牺牲 GDP 近 1 000 亿元之巨。在部门联动的围剿下，环境保护的断臂之役，不仅没有影响山西经济的健康发展，反而使发展速度不退反进，发展质量不降反升，环境形象也实现了明显提升，环境质量也获得了显著改善。这说明，山西以环境经济制约阻断污染型企业的生存命脉，以环境经济制裁斩断污染型经济的生存后路，逼迫山西走上了一条绿色转型的发展之路。环境经济措施，成为山西科学发展最内在的制动。

山西环保经验，在于以环境法治措施，打造环境保护的法制铁律和执法铁腕，形成环境保护的法治强势，迫使环境违法现象受到遏制

山西认识到，山西环境形势严峻在于环境违法现象猖獗，环境

违法现象猖獗在于环境法治软弱。山西面对猖獗的环境违法曾经发誓，坚决打造环境保护的执法强势，坚决遏制环境违法的恶性趋势，坚决扭转全国污染第一的黑色定势。山西环保把环境法治的旗帜高高举起，把环境法治的铁腕重重落下：对于环境违法企业，不论来头多大、后台多硬，该处罚必须处罚，该关停必须关停；对于地方保护主义，不论级别多高、势力多强，该抵制坚决抵制，该斗争坚决斗争；即使失去官职丢掉官帽，也绝不后退。山西就是要以大无畏的环境执法精神和环境执法行动，实现对环境法治力量的空前凝铸。

为此，山西环保部门找准国家环境大法的强硬规定，在全国首创“限批”措施，对污染顽固违法严重的企业实行“企业限批”，对布局混乱发展失控的行业实行“行业限批”，对污染肆虐违法猖獗的区域实行“区域限批”；而且，山西创造的“限批”措施被国家借鉴在全国实施“区域限批”和“流域限批”，打出环保法治的历史性强势。山西地方立法找准山西环境违法的病症，制定严于环境大法的地方性法规，对环境违法和污染严重企业，授予环保部门查封关停的权力；对落后淘汰和末位淘汰的生产，授予环保部门没收淘汰的权力。这使所有环境违法者和污染保护者，都治在了环境法治的铁腕之下。

“区域限批”是环境法治措施的显著突破。2006—2008 年，山西对全省经济排名第一第二的河津市、孝义市等 15 个市县实施“区域限批”，遏制了地方保护主义的蔓延。在“区域限批”的风暴下，省本级对 800 多个不符合环保要求的重污染项目予以否决，涉及投资金额 1 000 亿元；全省对 7 000 多家违法企业和污染设施进行关停，牺牲固定资产 1 000 亿元；排污收费连续三年居全国第一，分别达到15亿元、27亿元、25亿元之多；社会环保和工业治理投资连续三年大幅提高，分别达到90亿元、135亿元、298亿元，总投入达532亿元之高。事实证明，环境法治强硬起来，环境保护就在全社会推进。环境保护的法治措施，成为山西科学发展的最直接的撬动。

山西环保经验，在于以环境科技措施，构建环境保护的在线监测和自动监控，形成环境监管的现代体系，迫使污染企业实现排放达标

山西认识到，环境科技创新是解决环境问题的生产力关键，也是环境保护的永久命题。环保关键要靠科技生产力获得实现。山西针对污染蔓延而监控落后的难题，把科技创新作为环境保护的引擎，把科技研发作为污染治理的硬件，把科技应用作为环境监管的支撑，决心建筑全国一流的环境科技防线。想人所未想、做人所未做，把设想和决心高度统一：过去不知道水和空气什么状况，现在必须知道，且要天天知道；过去不能够控制污染之源，现在必须控制，只要超标必予关停；过去不能够攻克的治理难题，现在必须攻克，且要加速攻克。山西就是要以勇敢的科学想象和理性实践，实现对环境科技创新的空前突破。

为此，山西致力于建设全国第一家覆盖全省所有县、市、区的空气质量自动监测网络，结束长期对污染物无法监视的现状，成为全国最早实现县级以上城市全部进行空气质量日报的省份；山西致力于建设全国第一套对工业污染源实施全天候监控的自动监控系统，改变过去环保监控只监不控的局面，成为全国最先实现对工业

污染源实施直接控制的省份；山西致力于建立全国第一个省级高级环境决策咨询委员会，对新型能源和工业基地的环境问题注入科技决策智力，结束过去环境决策轻科技的历史，成为继国家环境科学大会之后，全国最快实现环境科技生产力集结的省份。

自动监控是环境科技措施的显著突破。2006—2008年，山西在投资1.57亿元建成的覆盖全省119个县、市、区的空气质量自动监测系统并实现日报的基础上，又投资6.7亿元，建成覆盖470家重点企业的污染源自动监控系统，彻底扭转了对超标污染源无能为力的被动局面，使污染企业无可逃遁、无处藏匿。在自动监控的激活下，山西环境总量研究和容量研究成果走向环境决策；山西特征性污染物炼焦无组织排放治理获得成功；环境阴霾天气研究紧急启动。山西累计投资11亿元，全速推进环境科技的迅速突破与快速崛起，不仅实现了对环境质量状况的自动监测，而且实现了对企业环境污染源的自动控制。环境监测之哨和环境监控之闸，为现代环境监管注入了科技活力。环境保护的科技措施，成为山西科学发展最高效的引动。

山西环保经验，在于以环境工程措施，发起环境保护的攻关之役和攻坚行动，形成环境治理的一号工程，迫使重点行业决战污染减排

山西认识到，环境效益落实于工程效益，没有环境工程治理也就没有环境治理。环境质量最终要靠工程治理获得改善。山西提出，要建设蓝天碧水工程，要建设污染减排工程，要建设生态修复工程。要完成约束性指标和目标性任务，必须拿治理工程向污染宣战。污

染减排，要达到总量减排、存量减排、增量减排，必须依靠工程减排；污染减排工程上不去，约束性指标就降不下来。蓝天碧水，要达到天气优良、水质优良、环境优良，必须依靠工程建设；城市治理工程建不成，目标性控制就实现不了。山西就是要以超前性的建设思维和跨越性的建设速度，打造和构建环境保护的决战工程和攻坚工程。

为此，山西省政府责令污染企业限期治理污染，到2008年年底，全面完成重点工业污染源污染防治设施建设任务；逾期未完成，未实现全面达标，无论企业规模大小、所有制形式如何，一律予以关停。责令蓝天碧水工程范围内所有市县，2008年建成城市污水处理厂并投入运行，全省县市城市污水处理厂，于2009年年底全部建成并投入运行；未按期完成城市污水处理厂建设任务，对化学需氧量污染物削减考核不予认可。而且，在2008年12月31日，山西省政府真的启动“零点关停行动”，对476家逾期未完成污染防治设施建设和排污不达标的企业强行关停，对城市污水处理工程发出进度警示。

电厂脱硫是环境工程措施的显著突破。2006—2008年，山西向所有燃煤电厂下达脱硫治理任务，电厂不以为然，环保部门便对国家10大电企发出严厉警示，并全国罕有地对未完成脱硫设施建设的20台大型发电机组强制关停，迫使装机容量1 000万千瓦的40多台重点燃煤机组提前完成脱硫工程，总装机容量3 000万千瓦全部燃煤电厂建成烟气脱硫设施。由此，山西成为全国率先完成所有燃煤电厂烟气脱硫工程的省份。在电厂脱硫的带动下，山西焦化行业70%以上企业实现焦炉煤气脱硫，全省重点工业污染源90%建成环保设施，全省重点城市建成70多座污水处理工程，城市污水处理率达到66%。环境工程措施，成为山西科学发展最有力的推动。

山西环保经验，在于以环境宣传措施，彰显环境保护的舆论职能和话语权威，形成环境保护社会声势，动员全社会共推环境保护行动

山西认识到，环境宣传是环保部门的重要职能，是环保事业真正的社会职能。没有环境宣传教育就没有环境保护。山西提出，要树立环境宣传职能论的观点，要树立环境宣传话语权的观点，要树立环保宣传放大器的观点。要打胜环保攻坚的世纪决战，必须高扬环境宣传的思想武器和精神力量。环境宣传要为环境保护超前呼吁，环境宣传要为环保新政开路造势，环境宣传要为环保攻坚鼓劲加油。于是，山西环保形成共识：不重视环境宣传的领导，不是合格的领导；不重视环境宣传的干部，不是称职的干部。山西就是要以强势的环境舆论和话语权威，凝聚和营造环境保护的社会意志和社会氛围。

为此，山西环保把环境宣传教育作为全省环保考核的重要内容，把环境宣传能力建设作为环保标准化建设的重要指标，把环境宣传效应建设作为环保执行力建设的重要体现。山西城市的市委书记和市长把环保宣传作为环保的开道车和发动机，基层环保局长把环境宣传作为环保的加速机和推进器。山西环保局长作为环境宣传的新闻人物，把环境宣传作为环保的鼓风机和放大器，既鼓吹环境新政的创新理念，又亲自发起和推助环境新闻行动。让环境舆论监督利剑出鞘，让环境新闻风暴荡涤污浊，让环保话语权威力鼎千钧，让思想的力量和精神的力量，变成全社会改变环境形象的物质的力量。

新闻造势是环境宣传的显著突破。2006—2008年，山西环保新政和山西环保攻坚成为环境宣传的鲜明主题，山西策划发起了环保万民调查声讨污染政绩的媒体关注，策划发起了环保政绩考核逼出环境问责的舆论追踪，策划发起了环保考核百万重奖政府官员的媒体争鸣，策划发起了环保区域限批打出环保强势的新闻轰响。在新闻造势的冲击下，山西环境新闻年发稿量达到9 000多篇，山西进入一个产生环境新闻的时代，也进入一个产生环境效应的时代。这个效应的明显标志，就是激发了环境保护的社会监督和社会自觉，形成环境保护民主力量，终于使山西从污染典型转变为治理典型。环境宣传措施，成为山西科学发展最壮阔的鼓动。

可以说，山西环保经验的核心就是山西环保新政。山西环保新政成为山西环境保护最强劲的动力，也成为山西科学发展最强劲的动力，成为山西转型发展、安全发展、和谐发展最强劲的动力。

其经验内涵就在于，山西以党和国家环境保护政治意志统领环境法治力量，统领环境经济力量，统领环境科技力量，统领环境工程力量，统领环境宣传力量以至于环境民主力量，真正形成了山西环境保护的巨大的社会统一战线，推进山西环境保护与经济发展实现了历史性转变。

没有比巨大的统一战线，对环境污染的宣战，更具有战斗力；没有比巨大的统一战线，对环境污染的围剿，更具有杀伤力；没有比巨大的统一战线，对环境污染的攻坚，更具有攻克力；没有比巨大的统一战线，对环境污染的决战，更具有决胜力。

这是山西环境保护的执行力，也是山西环境改善的推动力，更是山西科学发展的原动力！山西创造了这种力量！

山西环保道路[1]

环境保护部部长周生贤提出，探索中国环境保护新道路。山西环保强势崛起，开创了一条山西特色的中国环保新道路。2010 年 1 月 5 日，周生贤部长批示指出：山西环保取得了举世瞩目的成就，很多创新做法值得推广。

山西曾经是全国污染最严重的省份。2003—2005 年，全省 11 个省辖城市，大气环境质量劣于国家三级标准；临汾、阳泉、大同三个重点城市，在全国 113 个污染严重的城市中，连续位居污染的第一、第二、第三。山西因此而戴上环境污染全国第一的“黑帽子”，山西也因此而铺开了要摘掉全国环境污染第一“黑帽子”的攻坚决战。

2006 年，山西 11 个城市空气质量二级以上天气总数达到 2 707 天，平均 246 天；11 个重点城市中 4 个城市达到大气环境质量三级标准。2007 年，山西 11 个城市空气质量二级以上天气总数达到 3 362 天，平均 305 天；11 个重点城市中 10 个城市达到大气环境空气质量三级标准。

2008 年，山西 11 个城市空气质量二级以上天气总数达到

① 本文发表于 2010 年 5 月 4 日《中国环境报》、2010 年 12 月《环境经济·山西专刊》。作品获得山西省第九届精神文明建设“五个一工程”优秀作品奖，是山西环保界有史以来第一次获得山西省“五个一工程奖”。

3 679 天，平均 334 天；8 个省辖市 35 个县市首次达到了环境空气质量二级标准。2009 年，山西 11 个城市空气质量二级以上天气总数达到 3 789 天，平均 344 天；10 个省辖市 70 个县市区一举达到了环境空气质量二级标准。

山西环境质量实现了巨大的历史性突破，正在于山西探索出了一条山西特色的中国环保新道路。

山西环保道路，就是提升环境责任的道路，是落实官员环保问责制、奖惩制、否决制的道路

《中华人民共和国环境保护法》早就规定，地方政府对辖区环境质量负责；中央会议多次强调，党政“一把手”对环境保护要亲自抓负总责。这是党和国家赋予地方政府和党政领导的环境责任。但对于资源型经济主导发展模式的山西，受唯生产力论、唯 GDP 论和地方保护主义、污染保护主义影响，这项法定环保责任在地方政府长期得不到落实，导致山西环境污染成为全国之最。

彻底改变山西污染历史，必须强化官员的环境保护的政治责任。山西把环境保护上升为政治意志，强调，严肃的政治任务，必须依靠铁的纪律来保障。山西省委书记张宝顺提出，要把环保成效纳入领导班子和领导干部政绩考核体系，将考核结果作为评先选优和干部提拔任用的重要依据，实行“环保一票否决制”。山西为此建立并实行了严格的环境保护问责制、奖惩制和否决制，从环境问责到环保重奖，全面落实官员环境保护的政治责任。

开环境问责之政。2006 年 6 月，山西省监察委员会和山西省环境保护局联合出台《山西省环境保护违法违纪行为处分暂行规

定》，国家机关领导干部和企业领导干部违反环境保护法律法规，对其直接负责人和直接责任人，给予降级处分；情节较重的，给予撤职或者留用察看的处分；情节严重的，给予开除处分。

行环保考核之制。2007年2月，山西省人民政府发出《山西省领导干部环保实绩考核暂行办法》，对重点城市政府领导干部开展环保实绩考核。排名前三位者，给予政府负责人奖励；排名后三位者，当年通报批评；连续两年倒数后三位者，对政府负责人诫勉谈话；连续三年倒数后三位者，对政府负责人实行组织处理。

创科学考评之先。2007年7月，山西省政府出台《山西省关于市县党政主要领导干部科学考评暂行办法》，在44项总体指标中资源环境指标占9项，权重高达20%。考评结果作为地方党政领导干部选拔任用、奖励惩戒的重要依据，实行“一票否决”，市县党政“一把手”考评不合格和不达标，将不能提拔重用。

设环保重金之奖。2007年8月，山西省人民政府出台《关于对空气质量改善工作成效显著重点城市给予奖励的意见》，对重点城市空气质量指数位次前移城市的政府官员和环保人员实行重奖。对退出全国污染最严重城市前5名的城市，奖励100万元；对退出全国污染最严重城市前10名的城市，奖励200万元。

颁环保双奖之誉。2008年12月，山西省人民政府出台《山西省环境污染治理考核及奖惩暂行办法》，对大气综合污染指数排名第一且与上年相比保持稳定的城市，给予300万元重奖及1 000万元建设奖励基金；对与上年相比大气综合污染指数下降幅度排名第一的城市，给予100万元重奖及1 000万元建设奖励基金。

扣生态补偿之罚。2009年9月，山西省人民政府出台《海河黄河流域水污染防治专项规划实施情况考核暂行办法》和《关于实行地表水跨界断面水质考核生态补偿机制的通知》，把水质作为政府领导班子和领导干部政绩考核的重要依据，对跨界断面改善城市重奖 200 万～ 500 万元，低于考核标准的扣缴巨额生态补偿罚款。

环境保护目标责任机制，环境保护实绩考核机制，环境保护违纪处分机制，环境保护科学考评机制，构成了具有硬性制约力和鼓舞力的环境政治操作体系。自山西环保新道路开启以来，对 103 名环保不作为的领导干部给予了党纪政纪处分；对退出全国环境空气质量倒数前 10 位的 7 个城市分别给予了 200 万元的奖励；对于环境质量改善好的两个城市，给予了 100 万～ 300 万元的重奖及 1 000 万元的建设奖励基金；对跨界断面水质考核低于考核标准的 5 个城市，从地方财政中扣缴了 3 580 万元的巨额罚款。党政领导干部环境政绩机制的确立和落实，形成山西环保新道路的强大引擎，为中国环境政治的实践提供了新的引力。

山西环保道路，就是强势环境法治的道路，是打造环境保护控制权、制约权、关停权的道路

在山西，环保法律曾被称为软法，环境执法软弱无力。“污染企业未取缔而环保机构被取消”的事情曾有发生；“站得住的顶不住而顶得住的站不住”的事情屡有发生；“环保局长被殴打与环保人员被打伤”的事件时常有之；“守法成本高执法成本大违法成本低”成为一贯顽症。如何让环保法律硬起来，让环保执法硬起来，让环保法治硬起来，成为山西环保新政的当务之急。

山西省环保部门以敢打敢冲敢于碰硬和善于碰硬的精神，投入驾驭环境保护法制机器的战场，前所未有地开启了山西环境执法的

创造。这就是，最大限度地发掘环保法制的潜力，竭尽极致地发挥环保法治的威力，敢于坚强地打造环境保护的控制权、制约权、关停权，从“区域限批”到查封没收，让环境法制权威高高举起，让环境执法越来越凸现环境法治的强势本质，从而创造前所未有的突破性执法效应。

施限期关停之令。2006年8月，山西省政府发布第189号令《山西省重点工业污染源治理办法》，到2008年12月31日，所有工业企业必须完成环保设施建设，实现环保达标；到期未完成治理任务，未完成污染物减排任务，未实现工业污染源全面达标的，不论企业大小，不论所有制性质，一律予以关闭停产。这个著名的“189号令”，成为山西污染减排和环保攻坚的第一道铁律。

立暂停审批之牌。2006年8月，山西省环境保护局发出《关于暂停孝义市建设项目环境保护审批工作的通知》，因孝义市对辖区内环保工作监督管理不力，对违法建设项目没有及时制止和上报，依据国家环保法律法规政策和山西省《关于加强建设项目环境保护监督管理考核的通知》，暂停孝义市所有建设项目的环境保护审批，从而开启山西乃至全国环境保护“区域限批”先河。

举区域限批之剑。2007年3月，山西省环境保护局发出《关于暂停河津市建设项目环评审批的通知》，规定，新上建设项目不允许突破总量控制指标，对超过总量控制指标的河津市，暂停审批新增污染物排放总量的建设项目；对逾期未完成治理任务、没有完成污染物总量减排任务，地方政府和环保部门对违法建设项目查处不力，导致区域环境质量恶化的地区，实行“区域限批”。

推末位淘汰之策。2004年，山西省人民政府发布了“山西省第一批环境污染末位淘汰企业名单”，诞生了中国环保领域的环境污染末位淘汰制度。从 2007 年起，重力推行这项制度，对没有完成环境污染末位淘汰任务的市县，暂停审批所有新增污染物排放总量的建设项目；对逾期未淘汰的企业，实行停电、停水、停贷、停运、停照等联合措施，坚决强制淘汰和关闭污染企业。

授没收查封之权。2007 年 9 月，山西省人大常委会审议通过地方性法规《山西省重点工业污染监督条例》，将区域限批和流域限批法制化，第一次明确授予了环保部门责令拆除、查封、扣压、没收的权力，规定了环保部门责令停业、关闭、停止建设、停止试生产、停止生产的权力，确立了部门联动的环保联合执法制度。这个地方性法规，成为山西环保打造执法锐势的强大法律后盾。

环保法规作为发展高压线，环保政策作为经济高门槛，环境执法作为准入铁闸门，环保法治作为社会保险器，构成了具有强性控制力和淘汰力的环境法治执行体系。自山西环保新道路开启以来，对孝义、河津等 15 个县市实施区域限批，遏制了地方保护主义势头；对 1 000 多个不符合环保的重污染项目予以否决，涉及投资金额达 1 000 多亿元；对 10 000 多家违法企业予以关停淘汰，牺牲固定资产和 GDP 达 2 000 亿元；排污收费连续四年居全国第一，分别达 15 亿元、27 亿元、25 亿元、18 亿元之巨；社会环保投资三年总投资达 673 亿元之高。山西环境保护的法治创举和实施，形成山西环保新道路的强劲制动，为中国环境法治提供了新的动力。

山西环保道路，就是强化经济制裁的道路，是阻断污染型经济资金线、动力线、运输线的道路

环境污染作为经济发展的外部不经济行为，实质上是经济负效

应的社会转移；企业以自己的经济行为向社会转嫁污染，导致社会承担其发展的不经济结果，这成为市场经济条件下环境问题的根本要害。而对企业的外部不经济行为，仅仅等待企业的自我觉醒是解决不了问题的，关乎社会经济发展的政府部门和要害部门，必须以强性经济制裁，阻断污染企业的经济命脉，逼其承担责任。

山西省环境保护厅以环境法治联盟的创新形式，建立了部门联动的环境保护统一战线，围追堵截污染企业，合力围剿污染经济，斩断污染型经济的发展之路，遏制发展的负面不经济走势。这就是，对违法企业实行绿色信贷措施，对污染企业实行绿色电力措施，对淘汰企业实行绿色运输措施，从三停制裁到财经抑扬，切断污染企业的资金线、动力线、运输线，形成制裁环境外部不经济行为的新经济措施。

启银行停贷之案。2006 年 8 月，山西省环境保护局和中国人民银行太原中心支行联合发出《关于落实国家环境保护政策控制信贷风险有关问题的通知》，对没有执行建设项目环境影响报告审批和环保部门不予批准的项目，一律不予贷款；对项目施工过程中环保不符合要求和没有进行环保工程建设的，一律停止贷款；对主体工程完工而环保工程没有完成的项目，一律停止贷款。

扳电力停电之闸。2006 年 8 月，山西省人民政府修订《山西省工业企业环境保护供电管理暂行规定》，要求,供电部门按照环保部门的裁决，对环境违法建设项目、违法排污企业，不予供电，停止供电，拆除供电设施；对被依法取缔、依法关闭的排污企业，停止供电，拆除供电设施；对政府限产的排污企业和逾期未完成限期治理的污染企业，限制供电，不予供电，直至停止供电。

亮铁路停运之灯。2006 年 8 月，山西省环境保护局和太原铁路局联合发出《关于对环境违法企业产品实行铁路限运的通知》，对依法取缔、淘汰、关闭的排污企业，责令停止建设、生产、限期拆除设施的违法建设项目，责令限期补办环境影响评价和审批的违法建设项目，逾期未完成限期治理和处罚后仍未完成治理的企业，采取停运措施，切断环境违法企业的原料和产品运输。

引金融抑扬之杠。2007 年 7 月，山西省环境保护局与国家开发银行山西分行签订合作协议，环保部门对不符合国家产业政策和环保要求的项目实行“一票否决”，对政府支持并符合产业政策和环保要求的项目择优推荐；金融部门对环保部门推荐项目优先提供融资，给予中长期贷款和短期贷款，引导商业银行和社会资金投入。金融扶助，首次使诚实守信的绿色企业获得政策性奖励。

张物价调控之弦。2008 年 9 月，山西省环境保护局和山西省物价局联动，根据国家的产业政策和电价政策，实行脱硫电价加价政策，对建设脱硫设施并符合脱硫标准的企业，执行每千瓦时提高 1.5 分的脱硫上网电价；对不建设脱硫设施的企业，实行惩罚性环保收费政策；对高污染企业提高用电价格，加大企业运营成本。首次兑现了电价调控政策，极大地遏制了企业排污行为。

只要环保部门制裁，金融部门就予以停贷，电力部门就予以停电，运输部门就予以停运；没有环保部门审批，计划部门不予立项，国土部门不予征地，工商部门不予发照，构成了具有刚性制裁力和阻断力的环境经济制约体系。自山西环保新道路开启以来，山西对 5 000 多家环境违法企业实施停贷、停电、停运，空出巨大的财力、电力、运力空间；对 20 台大型电力机组强行关停，迫使总装机容量 3 000 万千瓦的机组全部完成脱硫工程，山西成为全国率先实现火电机组全部实现脱硫的省份；全省重点工业污染源 100% 建成环保工程，焦化行业100%建成了脱硫设施，而城市污水处理工程建设率达到80%。山西环境保护强势统一战线的创立和实战，形成山西环保新道路的强大联动，为助推中国环境经济政策体系的建立提供了新的合力。

山西环保道路，就是强健环境科技的道路，是彰显环境监控直接性、强制性、威慑性的道路

在中国，环境监管能力手段的落后，使环境法治长期处于尴尬境地。环境质量令人担忧，但环保部门拿不出适时数据；企业违法排放污染，环保部门却抓不到排污证据；企业建设了环保设施，但检查时运行检查后停运；企业放肆排污而弄虚作假，环保部门却鞭长莫及无可奈何。即使有了在线监测，但这在线监测，也仅仅是“自监自测”；即使上马自动监控，但这自动监控，也仅仅是“只监不控”。

山西环保部门大胆研发现代环境自动监控系统，不仅让环保部门掌握环境质量数据，而且要让地方领导关注环境质量指标；不仅让环境指标成为政绩考核的指标，而且让环境指标及时影响领导决策；不仅对排污数量和排污浓度自动监测，而且对排污行为和生产行为直接控制。从在线覆盖到自动监控，彰显环境监控的直接性、强制性、威慑性，形成全方位、全天候的污染源自动监控体系，彻底结束环境监控“只监不控”的被动局面。

铺在线覆盖之网。2006年12月，山西省在全国率先实现了全省119个县、市、区全部建设大气环境质量自动监测系统，形成了全省空气环境质量监测全覆盖系统。2007年7月，山西省环境保护局发出《关于进一步加强主要污染物减排工作的通知》，要求所

有排污企业，实现污染源在线监测全覆盖。不仅环保部门随时掌握环境质量数据，而且地方领导随时关注环境质量变化。

建自动监控之器。山西在全国首家成功研发污染源自动监控系统，2007 年 5 月，山西省人民政府办公厅转发《关于在全省重点污染企业推广建设污染源自动监控系统实施意见》，在国控和省控的重污染企业强制建设污染源自动监控系统，直接实现政府的环境监管力，改变了过去环境监控“只监不控”的尴尬局面，实现了对企业生产排污的全天候监控，只要超标即予停产。

竖监控立法之盾。山西省污染源自动监控系统建成之际，2007 年 9 月，山西省人大出台《山西省重点工业污染监督条例》，规定，建立全省统一的重点工业污染源自动监控系统；排污企业安装污染自动监控设施并与全省统一的污染自动监控系统联网运行；县以上人民政府环保行政部门通过自动监控系统对排污企业采取监控措施。首次以地方性法规对自动监控给予立法支持。

扬监控制裁之威。2009 年 9 月，山西省污染源自动监控系统正式运行，对 666 家污染企业实施全天候监控。2010 年 3 月，山西省环境保护厅发出《关于对严重超标排污企业进行警示和行政处罚的通知》，首次启用自动监控系统进行远程断电警示，首次将自动监控数据用于环境执法监督，首次以自动监控数据对超标排污企业实施行政处罚，使现代环境监控显示了执法实战能力。

以现代技术为支撑、以地方立法为支持，对污染源的直接监控，给山西环境执法带来了一场划时代的革命。自山西环保新道路开启以来，山西投资 8 亿元在近千家企业建设污染源自动监控系统，在省、市建立了现代化电控监视平台，将重点污染企业控制在环保部门的“法眼”和“法掌”之下。只要企业发生违法排污和超标排污，第一步，关停其办公系统用电；第二步，关停其供料系统用电；第三步，关停其生产系统用电。从监视到控制，从控制到制裁，瞬息之间直接实现强制执行。自动化、全息化现代环境远程直控系统的建立和运行，形成山西环保新道路的强大科技威慑，为中国环境保护现代法治监管提供了新的威力。

山西环保道路，就是张扬环境民主的道路，是凸现社会公众监督力、支持力、拥戴力的道路

环境保护历来就是民众的环境保护，尽管中国的环境保护起源于政府环境保护，但发起民众觉醒和行动，始终是环境保护的坚实基础，而且越来越成为环境法治的坚强支柱。环境保护的公众参与，实质就是环境民主的社会建设，而环境民主的社会建设，正依赖于环境宣传的启蒙和环境舆论的动员。山西环保新政，就是靠社会舆论造势，打开了艰难的环保攻坚和环保突围之路。

山西提出了环境宣传思想的五大论点，以环保宣传职能论强调环境宣传是环保的第一职能，以环保宣传话语权论强调环保话语权是环保的决胜权威，以环保宣传放大论强调环境宣传的扩散和放大效应，以环保宣传超前论强调环境宣传的超前策划力，以环保舆论监督论强调舆论监督的人民监督特质。从民意调查到公众参与，凸现社会公众监督力、支持力、拥戴力，形成环境民主的强大社会支撑。

获民意响应之声。2006 年 6 月，山西省环境保护局组织《山西省社会公众环境意识调查》，80% 的人不愿意让财政收入领先而环境污染严重市的市长留任，89% 的社会公众赞同实行党政领导干部“环保一票否决权”，90% 的人呼吁实行领导干部环境保护问责

制，90% 的人认为环境污染已经影响到和谐社会的建设，91% 的人支持环保执法硬起来。环保民意成为山西环境法治的社会基础力量。

赢代表支持之力。2007 年 4 月，山西省人大常委会组织人民代表到山西省环保局进行评议，发现山西环保因关停污染企业而引来多起恐吓威胁，发现山西环保执法面临许多社会压力，代表们鼎力支持环保局长强势治污：如果环保局长因为打击污染而遭受打击或被免职，人民代表全体上阵，为之请命。这表明，山西环保执政的民意响应空前高涨，山西环境法治的社会支持空前高涨。

畅民主监督之道。2009 年 9 月，山西省政府出台了《山西省环境保护公众参与办法》，规定，政府公开环保信息，接受公众环境监督，奖励公众污染举报，维护公众环境权益，形成严肃的政府工作机制；公众参与环境保护，积极支持环境执法，大胆监督环境污染，依法参与环境决策，形成有序的环境民主机制。首例环保公众参与的政府规章出台，标志着山西环保民主渠道更加畅通。

重舆论造势之功。山西省环境保护厅厅长刘向东对环保舆论体现了第一重视，亲自策划对于环保事件的舆论报道，在社会引起强烈争鸣；亲自组织新闻媒体批评曝光环境违法，对地方保护主义和污染保护主义强势挞伐；亲自授旗启动生态汾河大型新闻采访活动，将环境污染现象置于强大的舆论围剿之中。山西环保依靠社会化环境舆论造势，在山西形成历史以来最强的新闻冲击。

环境保护的公众干预，环境舆论的社会造势，环境民主的正义支持，环境民生的强大推动，构成山西环境保护的社会基础。自山西环保新道路开启以来，环境保护的社会公众来信来访风起云涌，2007 年比 2006 年增加 17%，2008 年比 2007 年下降 20%，2009 年比 2008 年下降 12%；公众来访 2007 年比 2006 年增加 99%，2008

年比 2007 年下降 60%，2009 年比 2008 年增加 15%。山西老百姓直接给市长、县长写信，直接到环保局访问，报告着蓝天白云给百姓带来的实惠。北京网友则在互联网发表组照，声称《山西归来不看云》。山西环境民主行动和环境民主力量的觉醒和高涨，形成山西环境新道路的社会推动，为中国环境保护的民主动员提供了新的活力。

山西环境保护实现了历史性的转变，山西经济发展也实现了历史性的转变。而今，山西改变了 30 年垒起的环境污染形象，摘掉了全国污染第一的“黑帽子”；全省 GDP 增长，也逐渐实现了绿色增长。2006 年全省 GDP 4 746 亿元，2007 年全省 GDP 5 600 亿元，2008 年全省 GDP 7 000 亿元，2009 年全省 GDP 7 100 亿元。山西省委书记张宝顺说：环境保护对山西的科学发展、可持续发展、和谐发展，正在发挥着积极而重要的作用，而且，今后必将发挥越来越重大的作用！

山西开创了一条山西特色的环境保护新道路，国内媒体曾称，山西在为中国环保趟路。应该说，山西趟出的这条道路，不仅仅只是环境保护的道路，而且是推动经济社会实现历史性转变的道路。山西环境保护新道路，新就新在以强势环保作为巨大的现代杠杆，撬动山西走上了转型发展的道路，更撬动山西走上了科学发展的道路。

山西环境之变[1]

中国新世纪的环境保护，进入翻天覆地的时代。

山西新世纪的环境保护，也进入翻天覆地的时代。

这是一个山西巨变的时代：由环境污染大省向污染治理大省转变，由污染治理大省向环境改善大省转变，由环境改善大省向生态恢复大省转变。这就是巨大的山西环境之变。

2011 年 1 月 6 日，刚刚进入新春之际的山西，一个低碳型环境保护电视电话会议，开启了山西环境保护新的春天。

刘向东，这位掌舵山西环保新政 5 年的山西省环境保护厅厅长，他在为山西环境保护创造了巨大的历史性改变之后，又在为山西环境保护的未来 5 年，描绘着一个蓝天碧水的宏伟蓝图。

山西之变　变在哪里

山西环保是在污染之中、顶着污染之重突围的。

山西环保是在突围之中、打着攻坚之役跨越的。

---

① 本文发表于 2011 年 1 月 17 日《中国环境报》。原题为《山西之变——中国内陆一叶的环境聚变》。文章发表后，山西省环境保护厅厅长曾作出批示，并在厅务会上提出，在起草山西省环境保护会议报告时，要将文章概括的“三个转变”作为会议主题报告的提法。

山西从2006年提出“不要带血的GDP，不要污染的GDP”，到2010年提出“绿色发展、清洁发展、安全发展”；从2006年提出“宁可牺牲GDP，也要摘掉污染帽子”，到2010年提出“气化山西、净化山西、绿化山西、健康山西”，山西省委、省政府坚强领导，山西环保部门顽强拼搏，山西全社会竭诚尽力，至此，山西污染减排攻坚、蓝天碧水工程和环境保护既定目标，提前超额完成。

山西新世纪环保第一个10年，画上了一个圆满的句号。

污染减排之变

2010年，二氧化硫预计减排2.54万吨，减排幅度为2%，提前完成了全年目标任务；“十一五”期间，全省二氧化硫预计减排24.8万吨，减排幅度为16.34%，超额完成国家下达山西减排14%的约束性指标。

2010年，化学需氧量预计减排1.04万吨，减排幅度为3%，提前完成了全年目标任务；“十一五”期间，全省化学需氧量预计减排5.3万吨，减排幅度为13.5%，超额完成国家下达山西减排13%的约束性指标。

环境质量之变

空气质量显著提升：2010年，11个省辖市有10个达国家环境空气质量二级标准，空气优良率达到95.1%；84个县市区环境空气质量达国家二级标准，空气优良率达到95.9 %。与2005年相比，11个省辖市平均空气综合污染指数下降61.9%，可吸入颗粒物年均浓度下降47.2%，二氧化硫年均浓度下降73.2%；纳入国家考核的5个重点城市全部摘掉了“黑帽子”，全国倒数22名内已没有山西城市。

水环境质量明显改善：2010年，全省地表水重污染断面首次下降到51.5%；汾河上游水质20年来首次达到一类水质标准；国家考核的9个断面全部达标。“十一五”期间，全省地表水重污染断面比例下降11.6%，化学需氧量平均浓度下降26.8%；完成城镇205个饮用水水源地保护区划分；全省城镇集中式饮用水水源地达标率为74.5%；集中式地下饮用水在扣除本底值之后的达标率达到100%。

蓝天碧水之变

2010年，蓝天碧水工程“化学需氧量、污水处理厂中水回用、水土流失治理和城市垃圾无害化处理”等4项指标提前完成，至此，蓝天碧水工程36项指标全面完成。

“十一五”期间，11个省辖市集中供热率、气化率、垃圾无害化处理率、生活污水处理率分别比“十五”末增长44.9%、14%、64%和39%。县县建成污水处理厂，80%的县实现集中供热；11个市县建成山西省环保模范城市。

生态建设之变

全省创建14个国家级生态示范区，4个国家级环境优美乡镇，3个国家级生态村；创建了154个省级生态文明乡镇、747个省级生态文明村；建立了汾河源头、沁河源头两个省级生态功能保护区。

实施“以奖代补”和“以奖促治”，并奖励6 000万元；编制完成《山西省生态省建设纲要》；土壤污染调查和污染源普查工作成果走在全国前列。2010年，全国矿山生态恢复治理与修复现场会在山西召开，山西为中国矿山生态恢复治理提供了典型经验。

环境污染大省的生态建设迈出大步。环境保护部部长周生贤在评价山西环保工作时曾经指出：山西是污染大省，环保工作阻力很大，难度很大。但山西环保工作进展很好，成效很大，能取得如此多的成效，确实不易。山西有很多好的经验和做法值得总结和推广。

山西之变　变从何来

山西新世纪的第二个五年，是山西环保创新的五年。

这五年，是污染减排力度最大、环境质量改善最明显的五年；是环境基础覆盖最广、环保惠及民生最多的五年；是环境立法最多、环保执行力最强的五年；是机制体制创新最快、环保部门联动最融合的五年；是环保服务意识增强、环保作用发挥最好的五年；是环保投入最多、能力建设规模最大的五年；是环保考核体系最完善、奖惩兑现到位最多的五年；是环保地位最提升、综合作用发挥最好的五年；是环境意识最普及、群众环境权益保障最强的五年；是媒体关注度最高、社会公众参与最集中的五年。

山西 20 世纪 30 年积累的环境问题，集中爆发成为山西 21 世纪之初的全国污染之最。

山西 21 世纪 5 年开创的环境保护道路，集中改善了山西过去 30 年积累的污染顽疾。

政府履职　主官履责　是山西之变的重大关键

山西省委、省政府高度重视环保工作，全力推进污染减排和蓝天碧水工程。新一届省委、省政府将城乡生态化作为实现建设新山西的路径和战略目标强力推进，多次召开省委常委会和省政府常务会研究环境保护。书记、省长每到一地都要对污染减排和环境保护提出要求，强调“抓治污和空气质量也是抓民生改善”。分管副省长深入调研，加强指导，靠前指挥，解决问题。近年来，省委、省政府领导对环保工作的专项批示多达400余次。各级政府层层签订责任书，层层落实，形成了政府履职，主官尽责的良好环保氛围。

瞄准重点　戮力攻坚　是山西之变的强势举措

山西始终把污染减排作为环保工作的重点，大力推进工程、结构、管理减排。提前两年在全国率先完成燃煤机组烟气脱硫设施建设任务，焦化企业实现焦炉煤气全脱硫；县县建成污水处理厂并投入运行；淘汰钢铁、焦化、水泥、电石、铁合金行业落后产能1.3亿吨、电力443.77万千瓦；对1 041个规模以上项目实施总量置换，否决各类不符合产业政策和总量置换要求项目1 430个，涉及投资2 012亿元。

重点突破　整体推进　是山西之变的有效方式

山西省委、省政府启动实施的蓝天碧水工程取得明显成效。11个省辖城市全部建成了集中供热工程和污水处理工程，32个县市区全部建成污水处理厂，26个县市区建成集中供热工程，17个县市区建成垃圾无害化处理场；全省持续开展城市大气环境污染综合整治，长治市、晋城市实现了建成区内无污染企业的目标；山西在全国首家开展省级环保模范城市创建活动，11个市县成为山西省环保模范城市。

健全法制　严格执法　是山西之变的根本途径

山西环境保护法制建设走在了全国前列。出台了《山西省减少污染物排放条例》等3部地方法规和80多项环境管理规范性文件，为强力推进污染减排提供了法律和制度保障；依法开展了20多项声势浩大的环保专项执法行动，依法关闭各类违法排污企业和设施7 839个，停产治理2 385个，安全收贮放射废源995枚；执行行政处罚2.1亿元，征收排污费突破100亿元，连续五年征收总额位居全国前列。

创新机制　奋力探索　是山西之变的强劲驱动

山西实施了地表水跨界水质考核生态补偿，2010年，共扣缴生态补偿金19 117万元，奖励生态补偿金10 600万元。山西省被国家确定为排污权有偿使用和交易试点省，完成全国最大一笔二氧化硫排污交易1.4万吨近9 000万元。“十一五”以来，山西建立并实施了“部门联动、区域限批、自动监控、末位淘汰”为重点的环境执法新机制，对1 259家企业实行3.3亿元差别电价，对2 548.6万千瓦机组落实脱硫加价62亿元。国务院简报特别摘登了山西的典型做法。

着眼转型　撬动发展　是山西之变的必然选择

全球金融危机特殊时期，山西环保跟进服务，按时完成205个扩内需保增长和煤炭资源整合项目的环评审批；对135家焦化企业降低排污费征收标准，减免排污费约17.36亿元。“十一五”期间，全省审批建设项目14 024个，总投资达1.2万亿元，对610个建设项目进行了环保竣工验收，验收率是“十五”期间的8倍。在近3年建设项目环保审批中，服务产业、民生工程、重点工程基础项目投资高于资源型传统产业项目，产业结构优化逐渐显现，转型发展初见成效。

强化考核　奖惩问责　是山西之变的组织保障

山西坚持将环保目标责任考核作为推动各级政府落实环保责任的重要内容，实行严格的环保考核奖惩制。先后对100多名环保不作为干部进行责任追究，否决70多个单位和个人的评先评优资格；对环保工作突出的县市区给予共总8 000多万元奖励，有力地推动了各级政府履行环保责任。

加大投入　提升能力　是山西之变的坚强支撑

山西“十一五”时期各级财政用于环保治理资金达46.9亿元，带动社会环保投入约982.4亿元，约占到“十一五”环保规划总投入的122%，是“十五”时期社会环保投入的4.25倍。环保能力建设资金13.9亿元，是“十五”时期的12.8倍，有效地提高了环境监管的技术支撑和综合管理水平。

山西之变　变向何方

2011年，山西环境保护，又与乘势而上、大为大变的战略机遇期相逢。

刘向东激情洋溢地说，这个战略机遇期体现在，一是中共中央明确提出要提高生态文明水平，并将环境保护作为生态文明建设的主阵地和根本措施；二是山西省委、省政府将“城乡生态化”作为转型跨越发展的重要途径，环境保护成为建设“四化山西”的重要抓手和内容；三是国家综改试验区试点、国家煤炭可持续发展试点、国家循环经济试点、生态省建设试点、国家排污权交易和有偿使用试点在山西实施，为山西创新环境经济政策“先行先试”提供了有利条件。

山西环境保护，又在向新的起跑线提升；山西环境之变，又瞄准了新的目标。

新的承诺：瞄准未来跨越的环保指标

污染减排：在国家下达约束性指标之前，山西初步确定的年度减排目标为：在2010年的基础上，二氧化硫削减1.5%、氮氧化物削减1.5%、化学需氧量削减2%、氨氮削减1.5%、工业烟尘削减2%、工业粉尘削减2%。

环境质量：11个省辖市空气优良率达到90%以上，增加一级天，提升二级天标准，减少三级天；10个省辖市、60个县市区空气质量稳定达到国家二级标准，太原市争取达到国家二级标准；继续保持重点流域地表水稳定，重污染断面比例下降2%左右，确保饮用水安全。

蓝天碧水：在13项指标、8大工程方面实施蓝天碧水提质工程；2011年要完成“十二五”目标的20%。

生态环保：开展农村乡镇环保设施全覆盖试点，创建一批国家级和省级生态县、生态乡镇和生态村庄。

环境安全：工业固体废弃物综合利用率、危废处理率均达63%以上，废弃放射源收贮率达100%；及时处置环境事故，防范次生环境事件，确保环境安全和生态安全。

新的冲锋：确定未来之变的减排任务

二氧化硫减排：加强火电行业脱硫设施升级改造和运行监管；推进冶金行业脱硫设施建设；实施焦化行业精脱硫工程，启动建材、金属镁、铝等冶炼行业工业炉窑脱硫改造；完成煤矸石制砖和废渣制砖炉窑脱硫设施建设；未实施脱硫改造的集中供热锅炉，一律淘汰取缔。

氮氧化物减排：启动水泥行业氮氧化物减排试点；完成太原第一热电厂、太原第二热电厂、大同第二热电厂脱硝试点；五大电力集团、国际能源公司、国际电力公司率先开展电厂脱硝；加强机动车尾气检测与管理。

化学需氧量和氨氮减排：完成18座污水处理厂管网配套工程建设和15座污水处理厂提标改造任务；完成太原市城南污水处理厂等一批重点城镇污水处理厂建设;启动重点乡镇污水处理厂建设，逐步完善工业园区、风景名胜区、高速公路服务站、城镇医院等污水处理设施。

工业烟尘、粉尘减排：电力行业必须实施电加袋为主的除尘改造；水泥、建材、电石、冶金、铁合金、有色金属、金属镁企业，必须配套高效除尘设施；20蒸吨以上的燃煤锅炉要采用袋式高效除尘技术；20蒸吨以下的燃煤锅炉必须使用新型高效节能环保煤粉锅炉和热泵技术。

面对新的环境压力，污染减排监管，将更加严厉。对不符合环保法律法规和国家产业政策、选址选线与规划不符布局、严重影响生态环境、超环境容量新增项目，以及“两高一资”发展项目，一律不批。对所有“新改扩”建设项目，一律实行“减量置换，先减后建”的制度。

新的攻坚：打造未来之变的样板工程

“十二五”期间，要将“蓝天碧水工程”范围从现有的11个省辖市、32个县市扩大到山西“一核一圈三群”范围的11个省辖市、66个县市，涵盖全省排污总量90%以上的区域，并将原来36项考核指标合并调整为13项。

强化城市环境综合整治。重点解决城市冬季污染反弹顽症。着力从集中供热、燃煤污染、建筑工地、道路运输、物料堆场扬尘污染方面实施综合整治；太原市环境质量要率先改善，争取用2年时间将太原建成“蓝天白云”之城。环境空气质量只能改善提升，不能倒退回潮。

完善城市基础设施建设。全省11个省辖市，要全面启动垃圾无害化处理设施，开展污水处理厂提标升级改造，实现集中供热全覆盖；66个县市，要建设集中供热和垃圾无害化设施，启动污水处理厂提标升级改造。

高度强化饮用水水源保护。开展乡镇饮用水水源地保护区划分与立标工作；严格加强一级水源地保护区监管，完成二级水源地保护区范围内所有污染源取缔关停搬迁治理；严禁在水源地保护区范围内新建任何污染企业。

推进重点流域水环境治理。实行严格的跨界断面水质考核；对汾河沿岸不达标企业实施限期治理；对涑水河、滹沱河、文峪河等污染严重的河流实施全面治理；对沁河、浊漳河等达标河流及洁净水域水质实施保护；对娘子关泉等19个岩溶大泉进行地下水污染防治和保护。

加强“绿色环保走廊”建设。将大运高速公路“绿色环保走廊”建设，扩展至全省境内3 000公里高速公路沿线；高速公路两侧可视范围内严禁新建重污染项目，搬迁、关停、淘汰、取缔现有排污不达标的工业企业。

新的创建：造就未来之变的生态品牌

确定生态立省环保强省战略。落实《山西省生态功能区划》，优化产业布局；实施“2+10”生态修复治理工程，推进10个矿区和15个矿山生态恢复治理；强化汾河流域矿井水深度处理；抓好四个煤化工企业拆除场地土壤修复试点工作；逐步建设村收集、镇转运、县处理的三级垃圾无害化处置网络，减少城乡面源污染。

筑牢环境治理环境安全防线。突出抓好11个省辖城市和28个县市大气污染联防联控；集中开展环保专项整治行动，维护公众的环境权益；实行环境污染挂牌督办，解决损害群众健康的突出环境问题；突出抓好辐射、重金属、危险废物等重点领域环境治理，完善制度政策，建设环境风险防范、预警、应对、处置体系。

新的机制：打出未来之变的环保铁掌

落实责任，强化考核问责。各级政府要切实担负起保护环境第一责任人的责任，切实履行对环境实施统一监管职责。山西省委、省政府将对“十一五”以来“环保目标责任、污染减排责任、蓝天碧水工程、环境空气质量改善”等指标进行全面考核，并按有关规定进行奖惩。

严格准入，恪守环保底线。将循环经济作为产业发展准入标准，在经济园区和产业项目环保审批中，不符合循环经济的产业项目要严格限制，符合循环经济的项目将优先审批。恪守三个环保底线：重点工业项目必须远离自然保护区、风景名胜区、饮用水水源地等环境敏感区；汾河沿线、高速公路两侧可视范围内严禁布局污染项目；市县建成区内不得新建污染冒烟企业，已建成的要退城进园。

抬高门槛，严格排放标准。强制实施焦化、电力、建材等重污染行业清洁生产标准；省辖城市新车实施国家第三阶段（欧III）尾气排放标准；重点流域水污染物排放要执行《污水综合排放标准》一级标准；普遍提升环境空气质量二级天气标准；地表水环境质量要按照优化调整后的98个监测断面组织开展监测和考核；开展环境健康风险评价研究，建立环境与健康风险管理信息交流机制。

创新手段，强化环境监管。强化自动监控作用，要把新增的约束性指标纳入自动监控范围；严格排污许可管理，对排污许可证实施年检制审核；认真开展企业“绿色评价”和银行系统“绿色信贷”评价，对重点企业环境行为分季度进行综合评价定级，并向社会公众公布；对全省银行业金融机构执行绿色信贷政策、银行支持环保事业发展情况按季度进行评价，落实企业信贷准入“环保一票否决”。

完善机制，激发治污活力。启动实施排污权交易，逐步推进排污权有偿使用；对重点污染源初始排放权进行核定，在有条件的市和企业开展征收重点污染源有偿使用费试点；完善跨界环境生态补偿，促进重点流域区域环境质量改善；用好矿山生态环境恢复治理保证金，保障矿山生态环境恢复治理项目实施；实施污染物超量减排补偿，对超额完成减排任务或超许可排放量的实行减量奖励超量处罚。

加大投入，提高污染治理水平。各级政府在制定“十二五”经济社会发展规划中，要把对生态环保投入列入重要内容；加快监察监测能力建设进度，积极落实配套资金，完善环境质量自动监测体系；制定优惠政策，鼓励社会资本特别是国有大企业参与污水处理、垃圾处理的建设、管理、运营，创新污水处理市场化运行机制，确保发挥作用。

履职尽责，服务转型跨越发展。增强服务意识，简化审批程序，对民生工程和重点工程开辟环保"绿色通道"，扶持环保型优势项目。要增强责任意识，关键时候敢负责，重大问题勇担当，复杂局面善驾驭。要提高公信度，落实首办负责制、限时办结制和服务承诺制。要强化执行力，说话掷地有声，干事确保见效，切实做到有部署就有执行，有执行就有监督。强化舆论宣传和监督，提高公信力。

惩防并举，加强反腐倡廉建设。要严格落实党风廉政建设责任制，以建立健全惩治和预防腐败为重点，以制约和监督权力为核心，完善反腐倡廉制度体系，用制度的约束力规范各级干部从政行为。对失职渎职等严重损害群众环境权益的单位和个人，予以责任追究。切实加强队伍建设，增强促进科学发展能力、反腐倡廉组织协调能力、有效防治腐败能力、依纪依法查办案件能力，依纪依法履行职责。

山西环保吹响了新的号角，山西环保发起了新的冲锋。

山西环保，在跨越发展的战场上铺开了新的激战。

山西之变，将越变越绿，越变越新。

山西环保法鼎[1]

一个曾经“人说山西好风光”的山西，后来成为“污染吞噬好风光”的山西。一个曾经“污染吞噬好风光”的山西，而今变为“再造山西好风光”的山西。

山西作为中国环境污染最严重的省份，其污染之重，在于治理之难与改善之难。山西之难，浓缩着中国环保的典型之难。

山西作为中国污染治理最明显的地方，其治理之显，在于治理之力与改善之力。山西之力，彰显着中国环保的先锋之力。

山西从污染大省，到治理大省，在于其发起了从来没有过的，向环境污染宣战的冲锋；山西从治理之难，到改善之显，在于其发起了从来没有过的，向环境之难攻坚的决战。

所有这一切，则在于山西靠法制向环境污染宣战，山西靠法治向环境之难攻坚。法制，成为山西在污染中突围的重器；法治，成为山西在突围中挺进的壮举。

而法制和法治，又来源于山西环保的创新性立法。山西环保的创新，为其立法奠定了坚实的基础；山西环保的立法，又为其创新提供了坚强的保证。这些共同为山西环保攻坚和突围，提供了强大

---

① 本文发表于2011年2月14日《中国环境报》。文章发表后，山西基层环保局长们认为，文章站得高、看得远、挖得深，总结和展示了山西环境法制的创新和成就，对环境保护具有强大的推进作用。作品获得第八届山西法制好新闻报刊深度报道类一等奖。

的法律后盾与坚强的执法支撑。

就在这样的法制进程中，山西走向了环境保护的历史性转变，也走向了环境质量的现实改善。

第一个里程碑：打造突破重围的法鼎

2006年8月14日，山西省人民政府公布第189号令《山西省重点工业污染治理办法》，2006年8月14日起施行。这个办法的突破和亮点在于，第一次规定——

各级人民政府是重点工业污染治理第一责任人
政府部门对重点工业污染源治理履行监管职责
对于列入淘汰名录的高污染生产方式必须淘汰
重点企业限期未实现污染物达标必须责令关停
对重点企业环境违法行为监督不力要追究责任
上级环保部门对下级环保部门进行监管并查处

2006年，是山西环保新政向沉重的山西环境现实发起进攻的时候。这个时候，山西大气污染全国第一，烟尘粉尘全国第一，固体废物全国第一，山西环境污染，成为全国之最，山西的城市，被冠以全球污染之最。国家领导人来到山西，忧心忡忡，话语沉重，说“山西有河必干，有水必污”；说“山西的汾河在流血流泪流脓”；说“山西产生了环境移民和环境难民”；说“山西之长在于煤，山西之短在于水，山西之难在于环境”。而山西之难，也成为中国之难的缩影。

就在这个时候，山西省委书记说：山西不要污染的、带血的、虚假的GDP。山西省省长说：山西宁可损失GDP，也要摘掉污染黑帽。刘向东就在这样的背景中快步走上了山西环保舞台。面对熊熊燃烧的1 000多支焦炉天灯，面对浓烟滚滚的10 000多家企业烟筒，刘向东斩钉截铁：“污染不除，省无宁日，民无存基；环境不治，发展无望，社会不安。”于是，山西环保新政第一轮立法行动，瞄准工业污染治理的难点，打响了《山西省重点工业污染治理办法》的隆隆铁炮。

作为山西省政府规章，《山西省重点工业污染治理办法》的突破和亮点在于——

其一，第一次规定：各级人民政府是重点工业污染治理第一责任人，负责领导重点工业污染治理。地方政府对辖区环境质量负责，这是国家环保法规定的，企业履行谁污染谁治理的原则，也是国家环保法规定的。这个规章确定，地方政府对重点工业污染治理负领导责任，衔接了政府责任和企业责任，强化了政府责任也更扎实了政府责任，将政府责任提升到一个实实在在的高度。

其二，第一次规定：政府资源经济管理部门对重点工业污染源治理实施监管，履职不力要依法追究。资源经济管理部门本是重点工业项目的主管或审批部门，但在过去，却对重点工业污染源的全过程监管履职不够。这个规章确定，资源和经济管理部门对重点工业污染源治理必须严格监管，政府部门环保不作为将被问责，这对建立环保统一战线和实施部门联动形成了机制锐度。

其三，第一次规定：对于列入淘汰名录的高污染生产工艺和设施，有关部门必须严格依法实施淘汰。淘汰落后生产方式是国家产业政策早就规定的，山西也曾出台落后生产方式的末位淘汰制度，然而长期以来，淘汰污染型落后生产方式久久不能完全落实，甚至往往落空。这个规章明确，按照国家和省的产业政策，严格依法予以淘汰，将淘汰责任和要求提升到了具有刚性的强度。

其四，第一次规定：重点企业必须于2008年年底实现污染物达标排放，未实现污染达标必须责令关停。山西作为工业污染大省，重点工业污染排放占到全省污染负荷的80%，重点工业是山西GDP的支柱，也是山西环境污染的主体。这个规章限定，重点企业逾期未完成限期治理任务，地方政府必须责令停业或关闭，显著强化了地方政府的环保打压力度和污染企业的生存限度。

其五，第一次规定：对重点企业环境违法行为监督不力造成环境污染的，要追究行政责任，构成犯罪则追究刑事责任。对构成环境犯罪追究刑事责任，这是国家刑法和环保法早有规定的，但对监管不力造成环境污染就追究行政责任，尚未有过。这个规章规定，环保部门及其人员未及时发现处理环境违法行为造成环境污染就给予行政处分，特别加重了对环境监管的处理力度。

其六，第一次规定：上级政府环保部门有权对下级政府环保部门进行监管，并查处其违法行为。中国环保行政体制属条块结合双重管理体制，环保部门上下管辖职能不强，地方环保部门主要归属于地方政府管辖，上级环保部门对下级环保部门的管束力不够。这个规章规定，上级环保部门监管查处下级环保部门的违法行为，赋予环保部门条块监管权力并拓展了统一监管的向度。

《山西省重点工业污染治理办法》成为山西环保新政的第一个地方性法制后盾。山西凭借这个具有强力的可操作性的政府规章，铁腕执法，铁拳出击，铁炮重轰，打出了山西环保的第一次突围。在山西，市长亲自启动关停落后企业的电钮，县长纷纷指挥淘汰污染企业的行动，终于，山西 1 000 多支污染焦炉的排污天灯被快速熄灭，山西 5 000 多家生产落后污染严重企业被关停淘汰，山西 10 000 多家污染企业排污黑洞被彻底堵死，山西所有火电企业二氧化硫减排工程提前两年建成运行。山西城市污染第一、第二、第三的黑帽子被彻底甩掉，山西全部城市空气环境质量改善天数迅速提升。

由此，山西一举成为环境污染治理力度在中国名列前茅、重点污染企业关停密度在中国名列前茅、空气环境质量改善幅度在中国名列前茅的地方。山西由环境污染大省转变为污染治理大省。

第二个里程碑：冶锻强势监督的法鼎

2007 年 9 月 26 日，山西省人大常委会公布地方法规《山西省重点工业污染监督条例》，2007 年 11 月 1 日起施行。这个条例的突破和亮点在于，第一次规定——

地方政府行政首长为重点污染监督的第一责任人
地方政府建立全省统一的工业污染自动监控系统
地方政府必须决定对特殊保护区域企业强制拆迁
地方政府对特定区域合法项目停建搬迁给予补偿
政府部门建立污染监督执法联动和案件移送机制
政府部门对不关停淘汰的污染企业实施行政制裁
环保部门对环境和生态破坏严重者实行区域限批
环保部门有权对污染企业采取查封扣押没收措施
环保部门有权对污染企业直接作出限期治理决定

省级环保部门有权监督并查处地方政府违法行为

2007年，山西环保新政在沉重的污染围困和坚强的环保突围中，创造了一个又一个强势做法。这些做法，在山西社会刮起了一个又一个环保风暴，在山西企业激起了一次又一次环保冲击，被媒体称为“攻坚之猛药”，被专家誉为“治乱之重典”。这些做法，有的被国家借鉴在全国实施，有的被别省拿去以借石攻玉，一时间，山西成为了中国环保政策的萌发之地，也成为了中国环保举措的创新之地。媒体说，山西环保在为中国环保探路，而且，在为中国环保趟路。

就在这个时候，刘向东发现，刚刚出台的政府规章付诸实践，却受到许多限制；正在探索的创新做法强势实施，却缺乏立法支持；尽管中国环保法律已成体系，但对于重点污染监督的立法，尚为空白。而这，对于危机中的污染大省和紧迫中的治理大省至关重要。法治要成为强势，在于执法；执法要成为强势，在于法制；而法制要成为强势，则在于立法。于是，山西环保新政第二轮立法行动，刺准工业污染监督的痛点，打造了《山西省重点工业污染监督条例》的铮铮铁律。

作为山西省地方法规，《山西省重点工业污染监督条例》的突破和亮点在于——

其一，为第一责任立法：地方政府加强对重点工业污染监督工作的领导；各级政府对本行政区域的环境质量负责，其行政首长是重点工业污染监督工作的第一责任人；对第一责任人责任指标完成情况定期考核。这个条例第一次以立法规定，地方政府行政首长为污染监督第一责任人，使市长、县长、区长成为法定的第一责任人，这对行政首长作为履责主官具有了法律制约力。

其二，为自动监控立法：地方政府要建立全省统一的重点工业污染自动监控系统；排污企业在规定期限内要安装污染自动监测设施并全省统一联网运行；环保部门通过全省统一的自动监控对排污企业采取监控措施。自动监控，是山西首创的既监又控的现代环境控制手段。这个条例第一次以立法的形式，赋予了自动监控以合法性地位，使自动监控建设和运行具有了法律支持力。

其三，为强制拆迁立法：在环保禁止性区域新建项目，由环保部门责令停止建设并恢复原貌；已投入生产的，由地方政府责令限期搬迁；逾期不停止建设、不恢复原貌或者未搬迁的，由地方政府强制拆除。这个条例第一次做出规定，严格界定了环保部门责令停建的监督性职能，明确了地方政府拆除环境违法项目的责任性职能，使对重点工业污染的监督惩治具有了法律约束力。

其四，为政府补偿立法：特定保护区域划定前已经批准的建设项目停止建设或者搬迁的，由地方政府予以补偿。之前，环保高压之下，对环境污染企业的淘汰取缔，环境违法企业的关停拆迁，多为强制执行，对合法建设项目的牺牲性关停拆迁，却没有补偿。这个条例第一次明确政府补偿，是地方环保立法上的一大突破，它使政府补偿制度成为对于企业经济损失的法制保障力。

其五，为行政制裁立法：排污企业逾期不履行地方政府及其环境保护行政主管部门作出的责令停业、关闭、停止建设、停止试生产、停止生产等决定，依法及时采取有效的行政措施。实际上，山西其时已经制定和实施了停电、停贷、停运的“三停”措施，并且制裁效力超强。这个条例第一次将行政措施列入法律，形成了对行政制裁的法律认可，使行政措施具有了执法实效力。

其六，为区域限批立法：对超过污染物总量控制指标或者对生态破坏严重、尚未完成生态恢复任务的区域、流域区段，暂停对其污染防治设施和循环经济类以外所有建设项目环境影响评价文件的审批。这暂停审批，就是山西创造的区域限批、流域限批、企业限批政策。这个条例第一次以立法的形式，将创新性限批政策明确为一项法律制度，使区域限批措施具有了法律支撑力。

其七，为查封没收立法：对造成严重环境污染的工业生产设施，由地方政府环境保护行政主管部门责令拆除；逾期不拆除，采取查封、扣押或者没收生产设施、运输工具、物品等措施。环保部门过去多年呼吁，环保执法应具有查封、扣押、没收权力，但长期以来未能实现。这个条例第一次将查封、扣押、没收的权力赋予了环保部门，使环保部门的执法行动具有了法律强制力。

其八，为限期治理立法：排污企业超过国家和地方规定标准或者总量控制指标，由省及设区的市政府环境保护行政主管部门作出限期治理决定。限期治理是中国一项法律制度，国家环保法早有规定，但长久以来，限期治理的决定及实施权力仅限于地方政府。这个条例第一次以地方立法形式，将限期治理权力赋予环保部门，使环保部门限期治理执法监督具有了法治主动力。

其九，为部门联动立法：重点工业污染监督管理实行政府组织、环保部门牵头、有关部门配合的联合执法制度，建立环境违法违纪案件移送机制。环境保护的部门联动，在山西已经成为一种强大的环保统一战线，成为一种政治资源、行政资源、法治资源的强势整合。这个条例，第一次从立法的角度，确立了联合执法和案件移送机制，使环境保护的部门联动具有了法制保证力。

其十，为监督政府立法：环保部门对重点工业污染防治实施统一监督管理。省政府环境保护行政主管部门对设区的市及重点县政府，设区的市环境保护行政主管部门对县政府执行环保法律法规情况进行监督。这个条例，第一次明确环保部门对地方政府的监督权，标志着上级环保部门对地方政府环保的不作为、执法不到位行为可以查处，使环保部门监管政府具有了法律规范力。

《山西省重点工业污染监督条例》成为山西环保新政的第二个地方性法制后盾。山西环保新政的创新措施，为地方性法规的确立提供了坚实的内容和基础，而地方性法规的确立，又为山西环保新政的创新措施赋予了法制化形式和地位。由此，山西环保强压逼进，强力攻坚，强势决战，终于擎举了绿色山西的一次次崛起。2007 年，山西仅仅 9 个城市达到国家空气质量三级标准；2008 年，山西 43 个城市达到国家空气质量二级标准；2009 年，山西 80 个城市达到国家空气质量二级标准；2010 年，山西 94 个城市达到国家空气质量二级标准。山西全部城市污染指数大幅下降，环境质量显著提升。

山西多个城市曾被称为“不适宜人类生存的地方”，重点工业污染的强势治理，使不适宜人类生存的地方，转变为适宜人类生存的地方。山西由污染治理大省转变为环境改善大省。

第三个里程碑：铸就污染减排的法鼎

2010 年 9 月 29 日，山西省人大常委会公布地方法规《山西省减少污染物排放条例》，2011 年 1 月 1 日起施行。这个条例的突破和亮点在于，第一次规定——

各级人民政府承担减少污染物排放的法定职责

各级地方人民政府要确定环境保护重点监管区
赋予公众对政府减少污染物排放公开监督权力
赋予环保部门对地方政府环境管理的督办权力
将倡导性环境污染责任保险确定为立法性保障
将污染减排约束性指标体系上升为法律性约束
确立区域之间流域之间建立生态补偿法律机制
确立固体废物原址监测和风险评估及修复机制
强化污染减排区域限批和企业限批的法律要件
强化污染减排失职渎职不作为行为的法律追究

2010年，中国污染减排的收官决战之年，也是山西污染减排的收官决战之年。对于中国污染减排的约束性指标，山西5年攻坚5年决战，破釜沉舟，背水而战，壮士断腕，猛志而搏，终于，提前一年，完成二氧化硫减排目标任务；如期交账，超额完成化学需氧量减排目标任务。但作为资源能源大省和环境负荷大省，山西污染排放总量仍居全国前列，新的污染减排压力仍属全国之重。国家将氮氧化物和氨氮作为新的约束性指标，这对山西环保新政而言，将面临越来越激烈的鏖战。

刘向东永远有一种激情理性或者理性激情。站在历史性交替的起跑线，他将污染减排推入一种法制与法治轨道。这就是，将政策性约束上升为法律性约束。也就是，将国家已确定的约束性指标二氧化硫和化学需氧量，纳入地方性法规；将国家新确定的约束性指标氮氧化物和氨氮，纳入地方性法规；将山西突出的污染物指标烟尘和粉尘，也纳入地方性法规。于是，山西环保新政第三轮立法行动，击准污染物减排的焦点，构建了《山西省减少污染物排放条例》

的恢恢铁网。

作为山西省地方法规，《山西省减少污染物排放条例》的突破和亮点在于——

其一，确定地方政府减排职责：地方政府将减少污染物排放纳入国民经济和社会发展规划；地方政府采取气化、净化、绿化措施减少污染物排放总量，对减少污染物排放实施监督管理；将减少污染物排放作为地方政府、行政部门和事业单位主官的考核内容。这个条例，第一次在法律意义上确定了地方政府及其行政部门和事业单位承担污染减排的必履职责，显示了山西在污染减排地方立法上的突破。

其二，设定环保重点监管区域：地方政府根据环境质量状况和生态环境保护需要，确定环境保护重点监管区，并制定重点监管区的环境治理目标。山西环保新政创造了环境治理由企业治理向行业治理延伸、由行业治理向区域治理扩大、由区域治理向流域治理拓展的成果。这个条例，第一次确立了环保重点监管区的法制概念，将环保创新的成果提升到法律的高度确认，显示了对现有环境立法的突破。

其三，强化区域限批法律要件：对环保重点监管区未达环境治理目标、未完成淘汰落后产能、城镇污水处理设施不运行或不能稳定达标的，实施区域限批；对排污单位超标超总量排污、未完成淘汰落后产能、污染防治设施不能正常运行、不执行环保部门行政处罚的，实施企业限批。这个条例，第一次将拒不执行环保部门行政处罚作为区域限批必备要件，显示了限批制度在地方立法上的再度突破。

其四，赋予对政府的督办权力：省政府环境保护行政主管部门对违反环境保护法律、法规，严重污染环境或者造成重大社会影响的环境违法案件实施公开督办，督促当地政府限期办理。这个条例，第一次明确了省级环保部门对地方政府督办的责任权力，在山西地方性法规已经赋予环保部门对地方政府的监督权基础上，法律授权更加向实延伸，显示了山西环保执法监管与督办在法律赋权上的突破。

其五，确立生态补偿法律机制：污染物排放总量超过控制指标的地区或者企业，造成相邻地区环境污染加剧或者环境功能下降的，应当向相邻地区支付生态环境补偿金。生态补偿曾是国家环境立法的一个难题，但在山西，环保新政的实施，已经创造了“层层划拨”、“层层倒逼”的生态补偿政策机制。这个条例，第一次以立法形式确立生态补偿，将生态补偿政策法制化，显示了创举性的立法突破。

其六，设立环境污染责任保险：鼓励有毒有害化学品生产、危险废物处理等重污染排污单位参加环境污染责任保险。环境污染责任保险是社会酝酿多年的责任保险，它是以企业发生污染事故对第三者造成的损害依法应承担的赔偿责任为目标的保险。这个条例，第一次将环境污染责任保险的倡议法制化，可以改变污染事故发生后“无人买单”或“政府买单”的局面，显示了现代环境立法的重要突破。

其七，刚化污染减排指标体系：向大气排放烟尘、二氧化硫、氮氧化物，向水体排放化学需氧量、氨氮污染物的企业，建设除尘、脱硫、脱硝和污水处理减排工程。这个条例，第一次拓展了污染减排指标体系，将国家污染减排约束性指标二氧化硫、化学需氧量、氮氧化物、氨氮指标纳入法律体系，且将山西污染减排约束性指标烟尘、粉尘也纳入法律体系，显示了污染减排在山西超前性的立法突破。

其八，建立环境评估修复机制：减少固体废物排放，推行农村固体废物资源化无害化处置；产生、收集、贮存、利用、处置工业固体废物的单位终止或者搬迁的，应当对原址土壤和地下水受污染程度进行环境风险评估；对原址土壤或者地下水造成污染的，应当进行环境修复。这个条例，第一次设立了城乡固体废物处理原址的环境风险评估和环境修复制度，显示了中国环境立法填补空白性的突破。

其九，赋予社会公众监督权力：建立健全减少污染物排放信息公开制度，接受社会监督；鼓励公众对环保部门进行监督，对环境违法行为予以举报；将公开督办过程和结果向社会公布，接受公众监督。我们过去强调环境保护民主诉求，往往提倡公众参与。这个规定，第一次将公众监督写入法律条文，强调以常规化环境民主监督确保污染减排的公开、公正、公平，显示了社会监督环境立法的显著突破。

其十，确立污染减排法律责任：国家机关、国有企业、事业单位主要负责人及直接负责的主管人员和其他责任人违反规定，依法追究行政责任和刑事责任。山西的环境问责，成为政府官员的巨大压力，但是对国有企业领导人的环保问责始终滞后，对事业单位领导人的环境问责也为空白。这个条例，第一次对所有公职领导人和所有环保责任人实施无遗漏问责，显示了污染减排责任追究制度新的突破。

《山西省减少污染物排放条例》成为山西环保新政的第三个地方性法制后盾。中国环境法专家指出，由于国家层面的环境立法突破具有风险，山西做出了污染减排的创新性立法，这是一个突破性的创举；而这个创举性的法规，本身就是一部综合的地方性的“环境保护法”。现在，与山西面对面的现实：一边是再造一个山西的发展高速，一边是正在濒临极限的环境容量；一边是污染存量减排的巨大压力，一边是污染增量减排的巨大艰难；一边是越来越改善着的环境质量，一边是越来越恶化着的生态质量……山西凭借创新性环保法鼎，只有在污染减排和生态恢复的法制化轨道上强势挺进。山西别无选择！

山西地方性环保法规已经形成一个系统。这是一个法定力度越来越递增、法制强度越来越提升、法权意义越来越扩展的系统。在这个系统里，政府履职越来越凝重，环保监督越来越坚定，企业责任越来越巨大，环境保护的社会约束越来越严格。这是一个后盾强大而剑锋锐利的挑战性系统。在这个系统背后，是一个执行力超强的仗剑群体，因而山西环保法治系统，是出击的系统、冲锋的系统、搏杀的系统、攻坚的系统，是所向无敌、所向披靡、无往而不胜的法剑系统！

正因为这样，中国凝聚国际视野的污染减排，在山西成为一种越来越强势的法治行动；中国引领世界理念的生态文明，在山西正成为一种越来越坚强的世纪驱动。山西省委书记已经提出：建设生态山西。山西省长已经表明：实现城乡生态化。山西的城市将越来越多地成为环境模范的城市，山西的乡村将越来越多地成为生态良好的乡村。

山西正在发起新的再造蓝天碧水的行动，山西正在迈开新的环境保护的历史跨越。山西，这个曾经被称为积重难返的区域，现在已经释重而返；山西，这个曾经被认为拯救无望的地方，而今已经凤凰涅槃。山西，必将由环境改善大省转变为生态恢复大省！

一个“再造山西好风光”的山西，定能让“污染吞噬好风光”的山西消逝。一个“污染吞噬好风光”的山西的消逝，定能让“人说山西好风光”的山西重新归来！

山西环保效应[①]

2011年1月11日，环境保护部部长周生贤批示指出：山西环保取得了很多实质性进展，有的经验可在全国推广。

2011年1月13日，山西省委书记袁纯清批示指出：山西环保成绩明显，要发扬成绩，为生态山西作出更大贡献。

2011年1月6日，山西省省长王君批示指出：山西环保部门为建设资源节约型、环境友好型社会作出重要贡献。

山西环保作出了什么样的贡献？

山西环保创造了历史空前的社会效应。

山西环保创造了什么样的社会效应？

山西环保创造了对山西社会的“撬动效应”。

山西以环境保护为支点和杠杆，推动环境质量实现了历史性改善，撬动经济转型实现了现实性突破，带动社会文明实现了跨越性挺进，驱动人的发展实现了现代性提升。

环境保护就是山西能源基地一个巨大的“能源”，它以强大的驱动力、辐射力和影响力，重塑了山西形象。

① 本文发表于2011年3月11日《中国环境报》。文章发表后，环保界人士认为，文章概括展示了山西环保效应，将山西环境保护提升到社会高度，实现了思想性、理论性、艺术性的结合，是理性总结山西环保历史性转变的作品。

山西环保效应之一：以强势治污为冲击力，推动环境质量实现历史性改善

在山西，环境质量的改善，直接来源于山西环保新政的强势治污，是环境法治创新的铁腕行动，撬动了山西环境改善。

在中国当代的环境保护进程里，2005年是中国环境保护的一个历史结点，也是山西环保新政的一个历史背景。山西环保的2005年，与中国环保的2005年，没有什么不同。中国第十个五年计划提出的污染减排约束性指标，全国没有完成，山西也没有完成。不同的是，别人在没有完成的时候，并没有成为中国环保的焦点，而山西在没有完成的时候，却成为了中国环保的巨大焦点。

中国的煤炭盯着山西，中国的光热盯着山西，中国的环保也盯着山西。山西在照亮和温暖了中国城市的时候，却以空气污染使自己成为中国的黑色之重。全省11个省辖城市空气优良天数平均226天，但空气污染指数最高值却达到7.21；省辖城市没有一个达到国家二级标准，没有一个适于人类长期生存；临汾、阳泉、大同三个资源型城市，连续三年排名全国大气污染第一、第二、第三，且临汾又以污染之重，成为全球污染最重的城市。山西，这个坐落在煤炭上的省份，成为中国的污染之最。

环境污染型和资源浪费型产业，无疑是山西污染的根源。2006年，刘向东负重而出，开启了山西环保新政。这个人似乎就为破解环境难题和攻克黑色堡垒而来，他执政山西环保的第一天，就向山西人民发出誓言：摘不掉污染第一的黑帽子，无颜面对三晋父老；不惜以牺牲生命为代价，换取三晋大地的碧水蓝天。他握一鼎法制重器，欲拯民生于黑色污染，毅然决然，选择在污染中突围；而且，

刚发起冲锋，就进入了环保攻坚的艰难决战。

山西环境法制，第一次不再是“软法”，而是以挑战的、进击的、冲锋的、搏杀的“硬法”方式，显示着当代环境法制创新的威严。“末位淘汰”的锋刃，挥向落后污染的企业；“限期关停”的长矛，投向排污超标的大户；“三停制裁”的铁掌，砸向污染环境的产业；“部门联动”的重拳，打击污染严重的行业……山西环保新政的法制方式，由法制创新的“三把火炬”而冶铸为威势如磐的“环保法鼎”；由亮剑出击的“环保风暴”而凝聚为强势如城的“环保法网”；由孤军奋战的“环保铁师”而扩展为锐势如潮的“环保联盟”。

山西环境法治，第一次不再是“试行”，而是以尖锐的、严厉的、治事的、惩人的“实行”形式，高扬着现代环境法治突破的威力。“区域限批”的长剑，挺向环境违法的区域；“环境问责”的锐戟，指向环保不作为的官员；“自动监控”的法眼，直逼所有的重点污染；“生态补偿”的响炮，轰击所有的河流污染……山西环保新政的法治指向，由污染企业而至于污染行业，由污染行业而至于污染区域，由污染区域而至于污染流域；而且，由企业高管而至于事业主官，由事业主官而至于政府官员，由政府官员而至于党政领导。

山西环保法治，成为全国出击最为强势的环保法治；山西环保攻坚，成为全国打得最为惨烈的环保攻坚。山西关闭污染企业 7 839 家，停产治理污染企业 2 385 家，丢掉污染 GDP 1 000 亿元；山西排污收费突破 100 亿元，带动社会投资 900 亿元之多，占到山西 GDP 2.2% 之高；山西建成环保工程 10 000 多座，工业企业全都实现污染达标；山西建设城市污水处理工程 132 座，所有城市全部实现污水治理。山西环境保护，第一次实现了巨大的历史性转折，山西环境质量，第一次实现了巨大的历史性改善！

至2010年，山西污染减排超额完成：二氧化硫排放量124.92万吨，五年减排幅度17.6%，超额完成国家下达减排14%的约束性指标；化学需氧量排放量33.31万吨，五年减排幅度13.93%，超额完成国家下达减排13%的约束性指标。

至2010年，山西空气质量显著提升：11个省辖市优良天气平均达到了347天，10个城市达到国家空气质量二级标准，空气优良率达到95.1%；84个县市达到国家空气质量二级标准，空气优良率达到95.9 %；空气污染指数下降61.9%。

至2010年，山西水质环境明显改善：地表水重污染断面首次由2005年的63.1%下降到51.5%，下降11.6个百分点；水质优良断面比2005年增加22.1个百分点；汾河上游水质20年首次达到了一类水质标准，全省地下饮用水全部达标。

山西以环保法治撬动全社会环保攻坚，山西环境质量实现了历史性改善。山西城市全部摘掉了污染的“黑帽子”。山西人不仅白天能够看蓝天白云，而且夜晚也能够看到蓝天白云；不仅夜晚可以看到星星月亮，而且白天也可以看到清洁月亮。山西人民对环境保护的满意度，由2005年不足30%，上升为2010年的65%。2011年春天出版的《中国省域环境竞争力发展报告》显示，山西环境竞争力在全国的排名，一举跃升了6位。山西环境民生在强劲治污中获得如期实现，老百姓重新过上了蓝天白云的日子。

山西环保效应之二：以环保攻坚为撬动力，倒逼经济发展实现现实性转型

在山西，经济发展的转型，直接来源于山西环保新政的强力攻

坚，是环境经济制裁的高压杠杆，撬动了山西的转型发展。

山西的环境问题根源于资源型和污染型的产业结构，以煤为基，由煤而兴，因煤而名，煤成就了山西也掣肘了山西。就像一个民间而来的故事：“放羊干什么？”“挣钱！”“挣钱干什么？”“娶媳妇！”“娶媳妇干什么？”“生娃！”“生娃娃干什么？”“放羊！”这就是山西著名的“放羊模式”。山西的“挖煤—炼焦—炼铁—炼钢—挖煤”，就形成工业上的“放羊模式”。一种资源型工业的低级循环，将山西推入经济与环境的双重危机。

人们曾经指出，这是一种竭泽而渔和杀鸡取卵的模式，是以牺牲环境换取经济发展的模式。但实际上，结果并非如此，甚至恰恰相反。多少年前，山西生态环境牺牲了，然而经济并没有获得长足发展。相反的是，山西在以环境污染成为全国之最的时候，也曾以经济落后成为全国之最。而且，就环境污染的外部不经济行为而言，其给社会造成的环境欠账，是十几倍甚至几十倍之多。山西，实际并没有在牺牲环境中换取经济的巨大发展！

应该说，山西人已经认识到问题的严重，山西人已经看到了破解难题的钥匙。这就是调整产业结构。但是产业结构调了多年，产业依旧结构依旧；改变经济结构改了多年，经济仍然结构仍然。拧动钥匙，必须有拧动之手；撬动杠杆，必须有撬动之力。“山西不要污染的 GDP，不要带血的 GDP，不要损害人民根本利益的 GDP！”“山西宁可牺牲 1 000 亿的 GDP，也要摘掉污染第一的黑帽子！”环境保护骤然成为破解山西环境与经济悖论的杠杆。

这就是“绿色转型，绿色发展”。简言之，就是“转型发展”。正是环境保护，使山西最早成为中国倡导“转型发展”的省份。山西前任省委书记张宝顺提出：山西要实现“转型发展、和谐发展、安全发展”。山西新任省委书记袁纯清提出：山西要实现“绿色发展、清洁发展、安全发展”。山西高层决策者的理性思维，在这里实现了高度的科学而清晰的现代承接。也就是，指明了一种未来路径：山西的转型发展，转向绿色发展，转向清洁发展，转向“绿化山西、气化山西、净化山西、健康山西”！

山西人紧紧抓住了这支杠杆，山西人狠狠撬动了这支杠杆。那么，当山西环保新政将一座座黑色烟囱爆破摧毁的时候，当山西环保法治将一座座落后工厂拆除推倒的时候，当山西环保攻坚将一片片污染企业夷为平地的时候，许多山西煤老板、许多山西焦老板、许多山西地方官，终于明白了一个事实：靠污染发迹的历史，不会再重演；靠污染败绩的现实，也绝不会再延续。山西环保，将资源型污染型经济逼到了绝境，置之死地而后生。

山西人终于倒逼着企业转型，山西人终于倒逼着经济转型。那么，当“环评杠杆”将一个个企业阻挡在环评门外的时候，当“总量杠杆”将一项项引资拒绝于晋境之外的时候，当“产业杠杆”将一批批项目搁置在产业之外的时候，每一个企业家、每一个经营人、每一个管理者，终于意识到一个问题：资源型投资，在这里再不会被放任；污染型项目，在这里再没有了市场。山西环保，使污染型产业再也没有了生存空间，不绿，即无生命。

山西环保就这样将政府的执政决策转变为执政行动，一手强势打压污染存量，一手决绝卡死污染增量，形成围追堵截的环保倒逼。存量上严格生存限制，将列入产能淘汰、环境违法、污染关停范围的企业一律推掉，山西为此而丢掉黑色 GDP 1 000 亿元；增量上抬高准入门槛，对违背产业政策、违背环境区划、违背总量置换的项目一律否决，山西为此而否决项目投资 2 000 亿元。代之而崛起的，是“山西采掘”向“山西制造”的转变，是“山西冶炼”向“山西创造”的转变，是全过程的清洁生产和高科技的循环经济。清洁生产，成为山西传统产业新型化的驱动力，而循环经济，则成为山西新型产业规模化的竞争力。

正是这个倒逼，逼出了山西的“转型发展”，也逼出了山西的“跨越发展”。而从“转型”到“跨越”，山西资源产业在国民经济中比重下降却实力上升。煤炭整合，焦炭整合，钢铁整合，山西产业以一艘艘巨轮姿态，重新启航。据山西环保准入统计显示，正是由于环保倒逼的杠杆效应，2008 年，准入项目排前三位的是煤炭开采、焦化冶炼、建筑材料；2009 年，准入项目排前三位的是交通运输、基础设施、煤炭开采 ；2010 年，准入项目排前三位的则成为服务产业、民生工程、重点建设。而且在这个过程中，山西生产方式，向高端向顶端，低碳前进。

曾经有人担忧，关停污染企业、淘汰落后产业，会让山西经济增长蒙受损失；否决煤焦项目、限制资源产业，会使山西发展遭遇滞后。然而，5 年过去了，山西丢弃了 3 000 亿元的黑色 GDP 总量，不仅山西环境质量直线上升，而且，山西经济发展不退反进，不降反升。2005 年，山西 GDP 只有 4 121 亿元，2006 年达到 4 878 亿元，2007 年达到 6 024 亿元，2008 年达到 7 315 亿元，2009 年达到 7 358 亿元，而到 2010 年，山西 GDP 突破了 9 088 亿元的大关，而山西 GDP 万元产值能耗却下降了 22%。山西环境质量在实现历史性提升的时候，山西经济发展也实现了现代性提升。

山西环保效应之三：以生态文明为引领力，带动社会发展实现跨越性转变

在山西，社会生态文明的进步，直接导源于山西环保新政的执政引领，是环境政治治理的坚强引擎，驱动了山西文明转型。

山西的经济结构根源于它的资源禀赋和生产方式，而生产方式又决定了它的经济模式和社会定势。30年前，山西被确定为中国的能源基地，国家的大采掘在地下打着资源矿井的时候，地方的小采掘也将地面钻得千疮百孔。而当黑色的煤炭滚滚流出的时候，地是黑的天是黑的，矿是黑的城是黑的，山是黑的河是黑的，社会思维也成为一种黑色思维。而习惯于黑色思维的社会，没有人认为这样的经济模式和社会定势还能够改变。

然而，当山西以强劲的环保杠杆撬动环境质量改善，也撬动经济发展转型的时候，终于以前所未有的震动，震撼了山西黑色的生产方式和黑色的社会定势。人们曾经说山西污染积重难返，但是而今已经返回。人们曾经说山西环境抢救无效，但是而今已经拯救。山西以强烈的环保行动与巨大的环境效应，终于引起社会反思：山西的社会应该是什么样的社会？山西的文明应该是什么样的文明？也就是说，蓝天之下，我们的山西应该是什么样的山西？大地之上，我们的城市应该是什么样的城市？

刘向东提出了他的两个绿色施政立论："生态立省"和"环保创模"。在他的构想里，生态立省，是山西走向科学发展和生态文明的根本途径。中国的科学发展和生态文明，是上升到政治高度的思想理念，也是全世界最先进的治国理念，山西作为生态脆弱和污染严重的地方，就应以一个省域的典型实践，践行这样的理念。环

保创模，是城市走向环境友好和社会和谐的必然选择。中国的环境友好和天人和谐，是提升至社会形态的理性概念，也是全世界最崇高的社会概念，山西许多资源富足而社会滞后的城市，更应以不同城市的创造实践，构建这样的社会。

山西虽然仍不发达，但山西不甘落后。也许是因为落后，所以山西才高举起环境保护的先锋理念，驱动整个山西社会，朝着中国和世界的前沿，追赶。而这个追赶，必须凭借高度的政治之力实现突破。为此，山西环保界响亮提出，环境问题不仅仅是自然问题而是社会政治问题。为此，山西政界明确指出：环境问题不仅仅是发展问题而更是社会政治问题。山西社会终于提出：环境问题不仅成为损害山西环境形象的根源，不仅成为制约山西经济发展的瓶颈，而且成为影响山西社会进步的障碍。山西，到了必须以环境政治治理，撬动社会转变乃至转型的时候。

那么，社会转型，转向哪里？转向环境友好，转向生态文明。山西的农业时代以开山造田为进步标志，忽略了对于自然的破坏；山西的工业时代以烟囱林立为进步标志，忽略了对于环境的污染；山西在市场时代以资本经济为进步标志，忽略了对于生态的友好。结果环境遭殃，生态涂炭，灾难屡屡，一个黑色的幽灵盘桓在山西。山西由此产生了富徙沿海的环境移民和贫守困境的环境难民。而当山西遭遇了这一切、经历了这一切、承受了这一切和反思了这一切之后，只能毅然决然，不仅选择经济转型，而且选择社会转型，选择转向环境友好和生态文明的社会。

2006 年的时候，山西政府发出的号召是：丢掉污染 GDP，摘掉“污染黑帽子”；2010 年，山西政府发出的口号是：建设生态山西，实现城乡生态化。短短 5 年，山西执政理念陡然提升，山西环保境界快速升华。其间，山西出台了全国第一个党政领导正职科学考评制度，生态环境指标第一次占到考核权重的20%，环境保护，成为科学发展的标志；山西举行有史以来第一次城市转型发展巡回大观摩，环保部门第一次走到前台圈点发展决策，生态环境，成为转型发展的亮点；山西第一次被国家确定为生态省建设试点，山西环保战局由向环境污染宣战，转变为向生态文明建设进军；山西许多城市竞相创建环保模范城市，山西环保趋势由环境治理的攻坚，转变为环境友好社会的构建。

在山西，生态已经不仅仅是山河的形象而也是城市的形象，在山西，绿色已经不仅仅是自然的颜色而也是社会的颜色。山西的资源富裕地区，成功创建了环保模范城市，走在了科学考评的前列，这样的创建和考评，为山西提供了一种典型：资源富裕并不注定就要环境污染，环境污染的城市也可以转变为环保模范的城市。山西经济贫困地区，也成功创建了环保模范城市，走在了科学考评的前列，这样的考评和创建，为山西贡献了另一种经验：经济贫困也并不注定就要社会落后，生态脆弱的城市同样可以转变为环保模范的城市。山西科学考评和环保创模的现实事实证明，环境友好型社会、生态文明型社会，已经成为山西社会进步的重磅砝码和社会文明的重要标志。山西重铸文明。

山西环保效应之四：以环境意识为渗透力，促进人的发展实现现代性提升

在山西，人的环境观念的提升，直接导源于山西环保新政的社会影响，是环境意识的巨大浸润，推升了人的观念转型。

山西社会文明的转型，根本在于人的文明观念的转型。生态文明不只是城市的生态文明、社会的生态文明，核心是人的生态文明、意识的生态文明。山西由黑色文明转向绿色文明，由黑色思维转向绿色思维，由黑色意识转向绿色意识，意识形态的绿化，正在于山西环境政治冲力、环境法治冲力和环境文化冲力对人的影响。人的观念被扭转了，又反过来转变发展；人的思维被革命了，又反过来变革现实；人的意识被绿化了，又反过来绿化社会。人就在这种与社会的绿色循环之中，实现着全面的发展。

10 年之前，山西环境现实笼罩于浓重的污染，山西环境意识沉淀于浓重的污染。缘于人是污染之根源，出现过“消灭人类论”；缘于污染为工业之产物，出现过“经济贡献论”；缘于接受污染转移之愚昧，出现过“填补空白论”；缘于推诿环境污染之责任，出现过“历史欠账论”；缘于为污染寻找理由，出现过“发展第一论”；缘于为违法编造托词，出现过“社会稳定论”；缘于污染而狡辩，出现过“污染无害论”；缘于治污之艰难，出现过“达标无望论”……污染导致了人的观念和意识被异化。

如果说这样的环境谬论，是人对于污染的无奈和妥协，那么，山西环保新政创造的环保冲击波，已经将山西从沉重的污染现实和沉重的污染意识中拯救。而今，山西已经没有人再发出这样的论调了，没有人无视环境污染，没有人认为污染无害，没有人对环境污染无可奈何，没有人再以为污染不可改变。为污染而叹息的时代已经过去，坚信环境可以改善的时代正在到来。山西人的环境意识，已经发生了历史性的根本的改变。而且，环境意识，提升到了政治意识、社会意识、公民意识的现代高度。

党政官员将环境意识上升为政治意识，环境责任上升为政治责任。山西官员说，环境保护不是环保压力，不是经济压力，而是政治压力，当官不抓环保的时代一去不复返了。企业高管将环境意识上升为社会意识，环境责任上升为社会责任。山西企业家说，在山西搞企业不只是搞企业，而是在搞环保，环境形象不只是企业形象更是社会形象。社会公众将环境意识上升为公民意识，环境责任上升为公民责任。山西公众说，环保维权不仅要维护自身的生存权益，更要维护公共生态环境和公共生存权利。

在山西人眼里，环境保护作为政治意志和国家意志，它就是法律意志、法治意志，是必须坚守的法制底线。守不住底线，就是违法，就是犯罪，就是耻辱。环境违法者，已经不可能像过去一样不付代价而招摇过市，却反而可能锒铛入狱，最终一败涂地。而环境保护作为社会公德和人类品德，它就是德律意识、德治意识，是应该追求的公德高线。坚持了高线，就是责任，就是义务，就是荣誉。环境友好者，也已经不像过去一样付出成本却默默无闻，而是获得阳光一样的社会尊重，自己也获得尊严。

尊严。个人尊严，企业尊严，官员尊严，社会尊严，这些神圣而古老的关键词，在山西，正在与环境紧密相关、紧密相连，凝聚为山西人敏感而独有的现代关键词：环境尊严。生活在好环境的人富有尊严，生活在劣环境中的人缺失尊严。在绿色的好环境里，企业家自豪而如数家珍地谈论企业之道，满面亮色，满眼放光，满声朗朗，企业树起来的，是企业的人的尊严。在黑色的劣环境里，经营者自卑而如鼠过街地检讨污染之过，低头哈腰，低眉俯首，低声下气，企业失却掉的，也是企业的人的尊严。

于是，山西由环境尊严而衍生了另一个现代关键词：环境幸福。生活在好环境的人富有幸福，生活在劣环境中的人缺失幸福。人的尊严树立于世界的时候，人就幸福；人的尊严遭遇失却的时候，人就卑琐。尊严，就是幸福，而卑琐，何谈幸福？于是，蓝天白云，碧水绿地，成为山西人的尊严标志，也成为山西人的幸福指数。不是追求人与自然和谐吗？那么，实惠财富是幸福，蓝天白云也是幸福。不是追求天与人类合一吗？那么，香车亮房是幸福，碧水绿地也是幸福。自然和财富，回归了人本。

在山西人的现代思维中，人的全面发展是什么？是人与自然认识的全面发展，是人与自然关系的全面发展，是人与生态文明的全面发展。环境改变人，环境文明也改变人；人构建环境，人也构建生态文明。山西人深懂了环境的辩证法，而环境辩证法的认识论和方法论，其终端，就是人与环境、人与社会的和谐实现。山西人 5 年改变了积重 30 年的环境污染，山西人 5 年转型了积重 30 年的经济模式，山西人 5 年扭转了积重 30 年的社会定势，山西人 5 年改变了积重 30 年的环境意识，这，就是实现！

山西人相信，科学发展，和谐社会，环境友好，生态文明，都已经不只是口号，而是可以变成财富、变成文明的坚强承诺；绿色崛起，跨越发展，绿色山西，现代山西，也已经不只是空话，而是能够变成尊严、变成幸福的坚定实现。我们说，人是什么奇迹都可以创造的。那么，山西社会与经济的转变，山西历史与现实的转换，让人深信，你坚信科学发展，你就注定能实现科学发展，你坚信生态文明，你就注定能实现生态文明！如果借用美国《时代》周刊评述中国的话说，就是：走在山西城市的街道，你或许会发现空气中还弥漫着污染物，但是，那里充满着雄心！

我们说，山西——这个中国的新型工业和能源基地，正以环保攻坚推动着山西的环境改善，正以环境杠杆撬动着山西的转型发展，正以生态文明驱动着山西的社会进步，正以环境意识提升着人的全面发展。而这，就是山西环境保护的现代效应！

山西环保思维[1]

山西“环保之难”实现了历史性转变，山西“环境之污”实现了现实性改变，山西甩掉了污染严重的黑帽子，山西树立起了绿色环保的新形象。应该说，山西环境之变，动力因素诸多，然而环保思维，却是山西环境之变的内在驱动力。

刘向东说：思路决定出路。这就为我们研究解读山西环保新政提供了钥匙。实际上，山西环保决策者的思维，成为了山西环保的核心性思维。这个思维代表了山西环保思维，它使山西环保思维呈现为一种创新的、超常的、开拓的思维。

挑战性思维：摘污染黑帽　戴环保绿帽

挑战性思维，就是挑战传统和挑战现实的创新型思维。

在山西，世人都知道，环境污染根源于黑色资源和黑色能源，是煤炭，让山西戴上了环境污染的黑帽子。但在过去，山西官员绝少敢说要摘掉这顶环境污染的黑帽子。新闻记者说，汾河已经死了；经济学家说，污染积重难返；文学作家说，环境抢救无效；就连环

① 本文发表于2011年4月5日《中国环境报》。文章发表后，环保宣传界人士认为，《中国环境报》刊发的“山西环保”系列文章，是对山西环保的理性总结和典型宣传。作品获得2011年度《中国环境报》优秀新闻作品奖一等奖。

境专家，也悲观地说，蓝天碧水，那只是美好的梦想。

刘向东是个有梦想的人。这个人在2006年坐上山西环保第一把交椅发表就职演说的时候，像一个热血青年："让百姓白天能见到灿烂的阳光，夜间能见到皎洁的月亮，河道能见到清澈的河流"，"让天空蓝起来，太阳亮起来，月亮露出来，星星眨起来，河水清起来"。当时，许多人觉得，这个人的演说就像一个热血青年在抒发自己的梦想。但就是这个抒发梦想的人，之后终于发出了一个响当当的惊世名言：山西要摘掉污染的黑帽子，戴上环保的绿帽子！仅这个口号，给了山西一个从来没有过的震响。

显然，这个口号，亦庄亦谐，半是严肃，坚定庄重；半是诙谐，举重若轻。但在当时，许多人只是听听而已，笑笑而已，并没有形成共鸣，甚至没怎么当回事情。相反，许多环保界人士觉得，摘掉黑帽子，这哪是敢于轻易许诺的话啊！因为，山西已经形成一种对环境现实的承受，已经习惯一种对污染严重的无奈，已经沉于一种对"污染第一"的默认。没有人敢于提出"摘掉污染黑帽子"，更没有人敢提"戴上环保绿帽子"。而这两者，前者属于向巨大环境现实的挑战，后者属于向巨大传统说法的挑战。

但刘向东就这样向现实和传统发出挑战。他给全国污染第一、第二、第三的临汾、阳泉、大同的市长写信，敦促这些城市的市长："甩掉山西城市污染严重的黑帽子"。他给全国污染最重省份山西的高层决策者表态："一定要摘掉山西污染严重的黑帽子"。当时的山西省长也借用刘向东的话说：山西要"摘掉黑帽子，戴上绿帽子。"许多市委书记、市长也接着刘向东的话说："摘不掉黑帽子，就摘官帽子！""摘帽子"的挑战，成为了山西政界巨大的共识和行动。后来，山西终于摘掉了全国污染第一的黑帽子。

其实，这个挑战性思维，挑战的不仅仅是环境现实，更是环境现实中的人的意识、官员的意识、领导的意识。就在他放话“摘掉污染黑帽子”而掀起“环保风暴”的时候，就在他剑指官员乌纱帽实施“环境问责”的时候，承受压力的官员忿忿不平：“你环保局长也不能踩着兄弟们的肩膀往上上啊！”有人说刘向东“个性”，有人说刘向东“另类”，有人称刘向东“强人”，但按照官场的习惯性思维，这似乎是触犯了众怒，触犯了定律。但是没办法，挑战肯定是要有所触犯的。无所触犯，还叫挑战吗？

这个挑战性思维，就是刘向东对山西环境现实的挑战，对山西官场观念的挑战，对山西环保思维的挑战，实质上，更是对自我的挑战，对作为环保局长自身的挑战。他敢于挑战自我，才有对现实的挑战；他敢于战胜自己，才有对现实的战胜。可以说，就是这样的挑战性思维，开启了山西环保新政在污染中突围的巨大攻坚行动。如果没有“摘帽子”的决心和誓言，也就没有“摘帽子”的行动和结果。这样的思维方式，显示的是山西环保主帅的勇者锋芒。狭路相逢勇者胜，与环境污染相逢，也然。

挑战性思维成为山西环保新政的爆破力，它爆开了历史环保的沉重积淀，使山西环保绽放出世纪新天。

创先性思维：开全国之先　创中国一流

创先性思维，就是开创记录和争创先锋的创新型思维。

刘向东做事常有一种追求：全国之先，中国一流。这是一种事业者的博大追求。在他看来，“环保是一种具有竞争性和挑战性的事业，是强者施展能力的舞台和挑战极限的战场”，既然他坐在了这个岗位，别人就不可能同时在这个岗位上做事，所以，做人做事，要做到最好，而且比最好更好。人常说，没有最好，只有更好。从哲学意义上讲，任何事物没有“最好”，但从人生意义上，不追求“最好”也就没有更好。要干就干最好，要做就做一流。这是这个人血液中、性格中、思维中一种本质的追求。

20世纪80年代，他在山西做企业家的时候，他所创办的天龙大厦，是中国一流水平。20世纪90年代，他在山西当地方官的时候，他主管的缉毒工作，是中国一流水平。21世纪初的第一个5年，他坐镇山西供销系统，他的供销工作创造了全国一流。21世纪初的第二个5年，他执政山西环保领域，他提出的追求目标，还是中国一流。他说：山西环境污染是全国“一流”的，我们必须以全国一流的环保工作，改变山西“一流”的环境污染。

正是缘于这个思路，山西创全国之首，开启“区域限批”政策，国家环保部门借鉴山西做法，在全国推广；山西开全国之先，出台“三停制裁”的做法，国家金融部门总结山西经验，在全国施行。山西建立“环境问责”制度链，对官员实施“真查实办”，问责之严在全国震响；山西建立“自动监控”物联网，对污染进行“真监实控”，监控之锐在全国领先。山西排污收费连续三年剧增创全国最高，带动社会环保投资1 040亿元，创造了山西历史之巨；山西火电脱硫提前两年完成创全国最快，推动二氧化硫减排提前超额，也创造了山西历史之速。山西环保，中国品牌！

全国之先和中国一流是怎样实现的？就是从心里“想”出来的。刘向东知道了中国的所谓“污染源在线监控”，是“只监不控”而不是“既监又控”，控制根本就是徒有虚名，他立即提出想法，既然是“在线监控”，就要能够“既监又控”，就要能真正实现控制，只要污染超标就要紧急控制。他当即主持科技研发，设法游说政府投资，倾力推进监控立法，仅一年，自动监控研发成功，第二年，环保物联网形成规模，第三年，“真监实控”显示法力。只要企业超标排放，紧急控制立即启动。于是有人说，山西环保有了“绿色导弹”。“山西监控”在全国产生标本效应。

事情往往就是这样，你敢于想的，就有可能做到；你不敢想的，就绝然做不到。连想都不敢想，谈何去行动？谈何去实施？谈何去实现？用刘向东的话说：“只有想不到的，没有做不到的；只有不努力的，没有做不好的。不管多么困难的工作，只要我们认真去做了，就能赢得党和政府的重视与支持，就能赢得人民的拥戴和赞扬。”山西环保的创新实践，印证了这样的警言。

刘向东概括山西环保新政，用的就是典型的“最字式”：“这五年，是污染减排力度最大、环境质量改善最明显的五年；是环境基础覆盖最广、环保惠及民生最多的五年；是环境立法最多、执行力最大的五年；是机制体制创新、部门联动最融合的五年；是环保服务意识增强、环保作用发挥最好的五年；是环保投入最多、能力建设规模最大的五年；是环保考核体系完善、奖惩兑现到位最多的五年；是环保地位提升、综合作用发挥最好的五年；是全社会环境意识提高、群众环境权益保障最强的五年；是公众参与、媒体关注最集中的五年。”概括，也见出其追求和思路。

创先性思维成为山西环保新政的推进力，它改变了过去环保的落后记录，使山西环保一跃而成为现代先锋。

强势性思维：铸环保法鼎　亮治污法剑

强势性思维，就是追求强势和创造强势的创新型思维。

在中国，发展就是在燃烧。这是周生贤部长的观点。而在山西，治污就是坐在“火山口上”。这是刘向东的观点。可以说，这种发展式的燃烧和燃烧式的发展，在山西尤其强烈。燃烧火焰刺激了财富欲望，财富欲望膨胀了环境违法，环境违法酿造了黑色污染，而环境违法和黑色污染，完全将自己置于环境法度之外，其猖獗之至，异化成一种悖逆：环境违法者强，环境执法者弱。

刘向东感到奇怪，一个走向法治社会的国家，一个环境法规林立的国家，居然让环境违法逞强，居然刹不住污染势头！我们建立了建设项目的环境准入，我们建立了环境执法的专门队伍，我们绝不能让社会认为“执法者管不住违法，治污者治不了污染”。治污用重典，执法出重拳。他抱定一个意志，要坚决打掉环境违法者在环保时代的猖狂，坚决打出山西环保的强势！

那么，怎样打造环保强势？靠法。刘向东知道，法之权，就是最大的权力；法之势，就是最大的潜势；法之执行力，就是最大的强势。他钻进国家环保法律政策的法典里，找到了最具制约力的一个杀手锏，在全国首开“暂停审批”。“暂停审批”是什么概念？就是暂停环评审批。环境影响评价被称为中国建设项目的第一审批权，暂停环评审批，就意味着暂停地方政府和企业经济项目的环保审批。那么，对一个以高增长为追求的地方政府和以高利润为目标的资源产业，这制裁是致命的。然而这样充满杀伤力的武器，却在环保法规的丛林里躺了许久，竟没人施用！

刘向东握起这柄利器，第一剑就指向财富急剧聚集而环境违法和环境污染双重危机的城市。财富聚集让这个城市财大气粗，环境违法让这个城市畅行无阻。这个著名的山西焦炭基地，突然成为财富强势的标本！所以刘向东启动“暂停审批”，企业抵触、政府说情、黑信恐吓、高官施压，好在刘向东顶住了，他毅然决然，要求所有的申报项目停批，所有的违法建设停工，所有的污染企业停产，最后，一支支烟囱被熄灭，一座座焦炉被炸毁，一片片企业被荡平……山西环保强势，终于压倒了财富强势。

刘向东就是这样，环保法管得了的，他创造性地执法，把法力发挥到强势；环保法管不了的，他创造性地立法，将想法变为强势。他将山西环保创新做法，变成政府规章，变成地方性立法，变成熔铸利剑的法鼎。于是，企业限批、区域限批铸进这座法鼎，环境问责、三停制裁铸进这座法鼎，没收查封、末位淘汰铸进这座法鼎，生态扣罚、流域倒逼铸进这座法鼎。刘向东将环保法鼎变成进击的、战斗的、驱杀的法鼎。整个山西，树起环保强势的权威，媒体则说，山西环保创造了中国环保的强势标本。

山西环保强势是怎样炼成的？就是在“火山口上”炼成的。山西环保强势强在哪里？强在不仅打掉环境污染，而且撬动绿色发展。我们看到，就在山西环保“暂停审批”之后，曾为全国百强的孝义，牺牲 GDP 20 亿元，断尾重生转型再造，由一个环境污染的城市，转变为一个环保模范的城市，由一个黑色的全国百强，转变为一个绿色的全国百强。当年的孝义市长、如今的市委书记张旭光，看见刘向东就兴奋，他说：当初，我是恨你恨得咬牙切齿，现在，我是爱你爱得咬牙切齿。他深深感到，环保强势不仅提升了城市的环境质量，实际更提升了城市的发展质量。

强势性思维成为山西环保新政的锻造力，它锻掉了过去的弱势环保，使山西环保成为中国强势环保的标本。

突破性思维：跳出环保圈　围剿污染源

突破性思维，就是打破固有模式和固有限制的创新型思维。

山西已经产生了现代环境移民和现代环境难民，赚了钱的制造污染又害怕污染而移居国外，没办法的害怕污染却又只能承受污染而困守危机。社会形成严重的环境污染，也形成严重的环境不公。怎么解决？承袭于传统的尾部治理，解决不了；局限于企业的过程管理，也解决不了；封闭于环保的业务圈子，更解决不了。环境问题成为山西环保的难题，也成为中国环保的难题。

我们的环保，在长久的时间里，是就环保谈环保，就环保论环保。思维上，封闭循环；职能上，画地为牢；行政上，部门阻隔；方式上，单打独斗；影响上，势单力薄；效应上，陷入困局。刘向东说：环境问题不只是环境问题，环境问题是政治问题，是法治问题，是经济问题，是民生问题，是社会问题。所以刘向东的思路是："跳出环保看环保，跳出环保抓环保。"就像陆游"汝欲果学诗，功夫在诗外"。人类关于问题的思考可能内容不同，但关于问题的思维方式总是惊人的一致。突破性思维也如此。

就环境问题说环境问题，解决不了山西的环境问题。刘向东将环境问题归纳为严肃的政治问题。他说，环保部门是落实省委、省政府环保政治意志的排头兵，环保职责就是将省委、省政府的环保政治意志转化为环保实际行动。他说，严肃的政治任务必须依靠政治力量推动，严格的政治责任必须依靠政治机制保障。山西建立了"环保责任制"、"环保考核制"、"环境问责制"、"环保否决制”和“科学考评制”，将环保压在了书记、市长的肩头。环保成为科学发展的检验标准，也成为官员心头的政治压力。山西抓住政治杠杆扭转了官员思路，唯 GDP 论英雄的时代渐渐退去。

然后，刘向东又向经济管理领域挺进。环境是企业的外部不经济行为，企业将环境污染贻害给社会，将环境成本转嫁给社会，社会就得从经济制裁入手，遏制企业的外部不经济性。刘向东做过企业家，做过经济官，做过地方官，他知道企业喜欢什么害怕什么。他与金融部门联手叫停违法企业的贷款线，与铁路部门联动叫停污染企业的运输线，与电力部门联盟叫停落后企业的动力线……就从“三停”起步，发展部门的立项权、经贸部门的淘汰权、工商部门的颁照权、水利部门的采水权、安检部门的发证权，几乎所有经济要害部门都对污染企业“叫停”。山西扼住污染型经济命脉斩断企业出路，环境违法肆无忌惮的时代正在过去。

之后，刘向东再向社会建设领域挺进。环境污染作为环境民生突出问题困扰山西的时候，实际成为社会耻辱。但制造耻辱者往往获得很高的社会荣誉，而社会又恰恰缺少一种社会荣誉的选汰机制。这让刘向东想到，社会评价的天平不加重环保的砝码，社会价值就可能永远倾斜。他与组织部门联手否决污染责任官员的评优资格，他与人事部门联动否决污染单位的评先资格，他与工会组织联手否决污染企业的评模资格……而从“三否”入手，媒体的舆论权，公众的监督权，专家的评审权，社会的批评权，几乎所有的社会评价主体都向污染形象“说不”。山西重塑价值体系堵死污染型发展道路，环境理性的时代就这样建立起来。

这就是媒体称道的“环保部门联动”、“环保统一战线”、“环保联防联控”和“环保社会联盟”。其核心力量在于“环保一票否决权”从环保审批向经济领域延伸，从经济领域向社会领域延伸，从社会领域向意识领域延伸，从而在几乎所有领域获得权重，再造了社会价值。山西老百姓看到环保宣传，说：“没想到环保现在这么厉害，把银行、铁路、电力都管上了。”企业家则感叹：“现在搞企业就是在搞环保，环保搞不好就没了生存之路。”

突破性思维成为山西环保新政的裂变力，它冲破了历史的环保格局，使山西环保在现代格局中快速成长。

逆势性思维：不怕有争议　就怕没关注

逆势性思维，就是非常态或非定势方向的创新型思维。

鲁迅说过，世上本没有路，走的人多了就有了路。但鲁迅没说，走的人多了就有了路，而只有第一个走路的人，才是创新，才是开拓。开拓和创新，并不都是顺势，而往往多是逆势。或者正因为是逆势，也才被称为创新和开拓。逆势而上，必须有勇气，必须有胆识，实质上，更必须有一种逆势性思维。刘向东就有这样的逆势性思维。他有一个观点：不怕有争议，就怕没关注，争议甚至反对，也是一种关注，也是一种支持。与其说逆势性思维是他的思维方式，不如说他是以逆势思维的方式坚持一种做事的方式，也就是“创新力＋执行力＋造势力”的社会营造方式。

刘向东作为山西环保的执政者，也是山西环保的新闻人物。山西环保被媒体称为“新闻富矿”，其直接结果就是舆论造势或社会造势。社会造势作为山西环保的一种显著工作方式，使山西曾经形成了巨大的社会环保声势，但在社会造势或者形成声势的进程中，山西环保也遭遇了舆论逆势或声势消解。通常情景下，人们遭遇阻力或者逆势，往往转舵或者退守，但刘向东敢于逆水行舟，善于逆势而上，敢于和善于将进行的事情进行到底。

第一次遭遇舆论逆势，是刘向东首次参加全国环保大会。当时，国务院总理从漫天黄沙中抵达会场，说：北京正出现严重的降尘天气，这对我们是一个警示。我们感受到肩上的压力。刘向东被总理的话感动，说：作为首都的西北门户，我们一定早日把沙尘暴挡在北京城外。此事被新华社报道后，香港媒体载文非议，说刘向东作为环保局长，首要关心的应是让山西人民不受沙尘暴的蹂躏，而不是保证“早日将沙尘暴挡在北京城外”。媒体不知道，这只是形象的说法，所谓挡在北京城外，当然是把沙尘消灭在山西之外，除此，还有办法吗？但非议依然被互联网传播。刘向东看到非议，说，这就是关注，对山西的关注，关注就是支持。

第二次遭遇舆论逆势，是山西环保实施“暂停审批”。山西首次实施最严厉的处罚，对孝义处以“暂停审批”，停止对孝义建设项目的环保审批。作为山西环保的处罚创新，国内媒体广泛报道。而媒体造势正当火热时，却突然发生舆论争议，说环保法里找不出“暂停审批”；说“暂停审批”不是追究法律责任的方式；说山西环保部门没有严格依法办事，互联网上舆情一片。环保造势引来了逆势，被“暂停审批”的污染者又蠢蠢欲动。刘向东却逆势回应，毫不犹疑，说：媒体的争议只能打磨环保的威势，不能成为污染者的救命稻草。严厉制裁依然故我。后来，被制裁的城市脱胎换骨，“暂停审批”也成为全国推广的“区域限批”。

第三次遭遇舆论逆势，是山西重奖污染摘帽城市官员。山西要摘污染第一的帽子，首开对城市官员重奖重罚，但就在媒体对重奖官员形成声势的时候，批评之声轰然而起，推起又一个舆论逆势。

媒体说，环保治污是官员职责，重奖不如重罚；媒体说，用纳税人的钱重奖官员，有滥用职权之嫌；媒体说，环境保护官员有责，重奖官员是一种谬奖。重奖之策，招致热议，惹起争议，官方人士也发生了异议。刘向东反而高兴了，他说，越有争议，说明社会越关注环保；越有批评，山西就能把事情做得越好。重奖照奖不误。结果，当年阳泉摘掉污染黑帽子，山西政府当即兑现重奖，带动山西城市连续摘掉污染帽子，重奖最后成了巨奖。

逆势性思维成为山西环保新政的砥柱力，它抵击了现实环保遭遇的阻力，使山西环保呈现着磅礴之气势。

超前性思维：敢往远处想　敢往远处做

超前性思维，就是超越现实和指向未来的创新型思维。

山西环保创造了全国一流的做法，也创造了全国一流的变化，但是，山西环境现实依然沉重。黑色的固体废物，灰色的烟尘粉尘，浑色的污水废液，依然成为山西挥之不去的耻辱。在这样的沉重土地上追求蓝天白云碧水绿地，就得跳起来做，就得跑着去做。就像刘向东看待和完成环保约束性指标，从来都是“高标准”，甚至是“未来标准”。负重爬坡，然而，思维超前。

山西在摘掉了空气污染全国第一的黑帽子之后，发起了巨大的水污染攻坚行动。所有的河流堵死排污黑洞，所有的城市实现污水处理，所有的流域实施断面考核式生态补偿。断面考核式生态补偿，这就是刘向东创造的“超前”。山西的河流没有稀释功能，但刘向东就要在没有功能的地方逼出“功能”。他要求所有河流出境断面，化学需氧量低于 50 毫克 / 升，但实际上，企业排放标准却是 100

毫克/升。100 毫克/升怎么和 50 毫克/升实现对接？倒逼！倒逼财政扣罚巨额生态补偿；倒逼企业向断面标准靠拢；倒逼地方官员承受环保问责！这绝对是一种现实超越。于是有人惊疑：这不快能养鱼了？刘向东说：是，就是要恢复养鱼标准。

山西“十一五”污染减排，国家规定两项约束性指标，二氧化硫和化学需氧量，山西实现了提前、超额。而实际上，在攻克这两个约束性指标的时候，刘向东就另锁定两个目标：氨氮和氮氧化物。要求新建火电机组必须消灭氮氧化物，所以，山西领全国之先建成了火电脱硝工程。结果，“十二五”污染减排，国家规定的约束性指标，由两项变成了四项，果然就是氨氮和氮氧化物。而就在这个时候，刘向东又锁定两个目标：烟尘和工业粉尘，将其作为山西的约束性指标。所以，山西“十二五”要完成的污染减排约束性指标，又由四项变成了六项。山西污染减排，总追求超前。

中国的环境保护法已经 20 年不变，算上试行时间，已经 30 多年之多。30 年的中国历史与现实，演变如何？刘向东一主政环保，就感觉到法与现实间距离巨大。所以，山西环保新政的五年，刘向东一直在“变法”，而且在超前“变法”。中国法律专家说，环保大法的修改存在诸多风险，于是，山西就出台规范性文件，作为环保法规的操作性创新；出台政府规章，作为环保法律的适应性弥补；出台地方性法规，作为环保大法的配套性补充。山西的“变法”，将中国环保法律没有规定的创新措施规定进了法律；山西的立法，将山西创造的超前性做法确立进了法律。中国的环境法制局限没变，然而，山西变了。山西实现了超越。

超前性思维成为山西环保新政的引擎力，它带动了滞后的环保乘风破浪，使山西环保站立在了世纪的前沿。

山西环保是创新的环保，创新总是要打破固有的格局和旧有的教条，实现新的突破。山西环保是超常的环保，超常又是在超越历史的陈规和先验的模式，实现新的跨越。山西环保是开拓的环保，这就意味着没有任何可以移植的道路而只有开辟和拓展。

而所有这些，都来源于山西环保思维和思想。思想的力量是无穷的，思维方式的力量也是无穷的。一个决策者的思维，引出了一条山西环保道路；一群决策者的思维，将引出一个新的环保时代。这就是生态文明思想和环境友好理念阳光照耀的时代！

山西环保利剑[1]

2009年，山西省省长王君说：山西是煤炭大省，也是污染大省，落后产能必须为新型产业让路，节能减排必须为生态文明开道。我们的环保局长是一员虎将，个性爱冲，像电视片中的李云龙，具有一种敢于亮剑的精神。

2008年，环保部部长周生贤说：山西环保部门腰杆子硬，执法严格，树立了威望，提高了地位，闯出了一片天地。山西经验表明：只要真抓实干，克难攻坚，勇于执法，善于执法，污染减排的目标，就一定能够如期实现。

环境保护时代的山西环境执法者，是铸剑者，是砺剑者，是亮剑者，是无畏勇者。铸剑，砺剑，亮剑，铮铮如铁的执法创新，打造了一支锋利如雪的山西环保利剑。山西环保人就举着这支利剑，挥洒出了一片从来没有的天地。

第一剑　环境问责

山西政坛许多人知道一个锋芒凌厉的词汇：环境问责。环境问

---

① 本文发表于2012年12月28日《中国环境报》。文章发表后，基层环保局长们认为，文章对山西环境保护作了高度总结，为环境保护提供了可操作性经验。作品获2012年度《中国环境报》优秀新闻作品奖三等奖、“杜邦杯”中国环境好新闻三等奖。

责曾使许多人丢掉乌纱，也使许多人如履薄冰。环境问责成为环境法治的政治意志，形成山西环保的政治制裁。

作为环保考核和环境问责的发轫之地，山西出台《山西省环境保护违法违纪行为处分暂行规定》、《山西省党政领导干部实绩考核办法》、《关于市县领导干部科学考评的暂行办法》，成为全国之始。拷问之剑直指所有党政领导干部，严格发起对于党政官员的环保考核、环境问责、科学考评。

所谓环保考核，实质在于：山西城市环境质量排名前三位者，对政府和政府领导给予重奖；环境质量排名后三位者，第一年，通报批评；连续两年，诫勉谈话；连续三年，组织处理。环保考核标志着环境指标变为沉重的奖励或处罚，环保政绩不再是空空洞洞，而是，重奖和重处都实实在在。

所谓环境问责，要害在于：国家机关工作人员发生违反环境保护法律法规的行为，给予警告、记过、记大过、降级和撤职行政处分。对于环保不作为、乱作为、作为不力、作为不好的官员，不仅不予提拔重用，而且要追究责任。环境问责意味着，环境不规则行为或将断送官员的政治仕途。

所谓科学考评，内涵在于：山西领导干部科学考评体系将经济增长、社会发展、科技进步、资源环境和人民生活 5 方面确定为 44 项指标，环境资源指标占 24.5%，权重超过 1/5。科学考评凸显出资源环境指标作为官员执政能力、提拔任用和奖励惩戒的重磅砝码，具有了一票否决的效力。

科学考评，环保考核，环境问责，荡起山西政坛的绿色冲击波。山西省委书记成为“环保否决”的支持者，他说：环保要作为干部考核指标一票否决。山西省长成为“环境问责”的实施者，他说：

干部解决不了环境质量问题就地免职。由此，山西的全国经济百强县，因环境违法被一票否决；山西100多名地方官员，因环境污染被追究问责。于是，山西官员的关注焦点，由经济增长指标转向了环境质量指标。

环境问责，作为山西环境保护的政治制裁，它使官员不再是做污染发展的后台，而是走到了环境执法的前台。地方官员深有感慨地说：环境保护成为党政领导头上的一把利剑，一种压力，当官不抓环境保护的时代，一去不复返了。

第二剑　区域限批

山西环境执法最令地方保护主义害怕的一个动词，是区域限批。作为最严厉的环保措施，最严厉的经济措施，区域限批成为环境法治的执法创新，形成山西环保的法律制裁。

区域限批的内涵在于：暂停地方除污染防治设施和循环经济项目之外的经济建设项目的环境影响审批。区域限批的外延在于：项目限批、企业限批、行业限批、区域限批、流域限批。山西的限批制度，从环保文件到政府规章，从政府规章到地方法规，经历了一种政策到法律的创新性成长。

地处吕梁山里的孝义，被称为山西的首富城市，实际是山西暴富的城市。曾以牺牲环境换取经济增长，成为山西环境违法最严重的城市和环境污染最严重的城市。重重污染而得不到控制，屡屡违法而得不到遏制。山西省环保局便出其不意打出一招：暂停山西环保部门对孝义所有建设项目的环保审批，暂停孝义环保部门对所有建设项目的环保审批。

暂停审批就意味着暂停建设，意味着暂停发展。是置之死地而逼其后生。逼其停产，逼其取缔，逼其关停，逼其淘汰。山西环保部门的暂停审批，被国家环保部门称为“区域限批”。区域限批，使一个以环境违法而著称的孝义市，打响了它的断尾求生之役，牺牲掉20亿元的产值，脱胎换骨，彻底改变，进而由“环境污染大市”变为“环保模范城市”。

之后，国家环保部门借鉴山西做法，对孝义所在的吕梁市实施区域限批，吕梁市打响了刮骨疗伤之战。又后，山西环保部门对山西环境污染严重的县市实施区域限批，山西县市铺开了断臂求存之仗。再后，全国环保部门对环境违法和环境污染重灾区实施企业限批、区域限批、流域限批……山西创造的“限批”政策，一举成为环境保护的政策突破。

事实上，这是法律突进。2006年，暂停审批作为一项环保措施上升为环保政策，写入了《山西省重点工业污染源治理办法》。2007年，区域限批作为环保政策上升为法制措施，写入了《山西省重点工业污染监督条例》。2010年，区域限批作为政策措施上升为法律措施，写入了《山西省减少污染物排放条例》。限批政策，完成了地方立法上的法律程序。

区域限批，作为山西环境保护最严厉的法律制裁，成为山西环保乃至中国环保最显力的法治强权。它给中国环境保护带来的，是富有效应的环境保护的法治创新和法治实验。

第三剑　三停制裁

山西环保由打造执法强权而崛起，环保锐势，从政坛辐射到区域，从区域聚焦到企业，产生了铁的三停举措。三停举措成为环境法治的联动机制，形成山西环保的经济制裁。

2007年，山西省环保部门与金融部门联合出台《关于落实环境保护政策控制信贷风险有关问题的通知》，对淘汰关停的环境违法企业，由环保部门通告金融部门执行停贷，以扼住环境违法企业的贷款线。山西省环保部门与电力部门联合出台《关于加快推进燃煤电厂烟气脱硫的实施意见》，对淘汰关停不力的环境违法企业，由环保部门函告电力部门执行停电，以扼住环境违法企业的动力线。山西省环保部门与铁路部门联合出台《关于对环境违法企业产品实施铁路限运的通知》，对淘汰关停不了的环境违法企业，由环保部门通知铁路部门执行停运，以扼住环境违法企业的运输线。

这就是著名的震慑了山西污染企业的“三停铁腕”。其要害在于，以切断市场渠道的方式，遏制企业以疯狂的外部不经济行为追逐市场而导致环境污染的做法；以切断利润来源的方式，遏制企业以猖獗的内部成本外部化追逐利润而导致生态破坏的行为。企业只要上了环保部门提供的“污染黑名单”，金融、电力、铁路部门就联手置之于困境，甚至绝境。仅此，山西近1 000家污染企业，被扼住了生存命脉。由此，山西环保部门与14个部门联手，全线遏制污染型发展。

过去，污染企业疯狂的利益追求，曾导致了环境保护“市场失灵”，然而，三停制裁的启动，终使环境保护的“市场失灵”不再失灵。过去，地方保护主义肆意的政绩追逐，曾导致环境保护的“政府失灵”，然而，三停制裁的实施，使环境保护的“政府失灵”也不再失灵。山西挥舞环境保护的杀手锏，打造了在复杂市场环境中遏制环境违法的“绿色制动”，一举实现了环境保护对于无序市场的“绿色驾驭”。

三停措施作为山西环境保护的经济制裁，终使污染企业猛醒：环保真厉害啊，它不仅上管天下管地中间管空气，现在把银行电力铁路也管上了。真不能不把环保当回事了！

第四剑 绿色信贷

山西环保从金融联动延伸，启动绿色信贷政策，启动绿色信贷评价，由贷款制约到放贷制约构筑绿色防火墙。绿色信贷成为环境法治的金融手段，形成山西环保的金融制裁。

绿色信贷政策，是对环境违法企业的经济制裁。2006 年，山西环保部门与中国人民银行太原支行建立停贷治污机制；2007 年，山西环保部门与国家开发银行山西分行建立抑黑扶绿机制。要求，对国家明令禁止和不符合环保政策的企业和项目，一律不予贷款；对未执行环境影响评价或环保部门不予批准的项目，一律不予贷款；对未执行环保“三同时”制度和未通过环保验收的项目，一律不予贷款；对高耗能、高污染行业中未开展环境行为评价的企业，一律不予贷款。

绿色信贷评价，是对金融银行执行绿色信贷的考评。2010 年，山西环保部门与中国人民银行太原支行联合出台《山西省绿色信贷政策效果评价办法》，对银行业金融机构绿色信贷政策执行效果进行评分定级，考核银行业是不是真正执行了绿色金融政策。90 ～ 100 分为优秀单位；80 ～ 90 分为良好单位；70 ～ 80 分为达标单位；60 ～ 70 分为基本达标单位；不足 60 分为不达标单位。绿色评价结果作为考核银行业的重要依据，不达标银行机构将被通报批评并责令限期整改。

2011 年，山西境内所有金融银行，被实施严格考核评价。19 家金融机构因为在绿色信贷上实施了金融产品和信贷管理的制度创新，建立了绿色信贷支持环境保护长效机制，被评为山西省绿色信贷评估优秀单位和山西省绿色信贷评估良好单位。山西打造了金融银行绿色信贷的执行力。山西银行不仅不给环境违法和环境污染企业贷款，而且，对于过去给予落后企业的贷款，制定了退出机制，切实退出；对于过去发放给污染企业的贷款，制订了清收计划，限期收回。

绿色信贷政策是以金融杠杆的撬动，逼企业"绿化"，是对污染企业的外部约束；绿色信贷评价，是以考核杠杆的撬动，逼银行"绿化"，是对金融企业的外部约束。山西的绿色信贷政策和绿色信贷评价，一项制度两种制约，显示了制度设计的绿色落实。绿色信贷政策执行得如何，关键在金融机构。对银行考评，给银行打分，对银行监督，让银行加力，确保绿色执行力不打折扣，才能真正落实绿色制约。

绿色信贷作为山西环境保护的金融制裁，强化了社会对污染企业和金融企业的外部约束力。当约束力内化为执行力的时候，环境保护就成为实体企业和金融企业的社会责任。

第五剑　自动监控

在山西省环境保护厅，一张无形的环境监控网，从一个巨大视屏辐射向所有重点企业，将企业污染聚集于监控视频。这是被称"环保天网"的山西省污染源自动监控。自动监控成为环境法治的科技支撑，形成山西环保的科技制裁。

山西所有重点工业污染，覆盖于环保天网的自动监控。只要企业超标排污，监控系统立即警报。第一级警报，企业在8小时内解决不了超标排污，就切断企业的办公电源；第二级警报，企业在24小时内解决不了超标排污，就切断企业的供料电源；第三级警报，企业停运环保设施或发生污染事故，则切断企业的生产电源，形成对污染企业的监测反控。

山西所有重点污染数据，尽用于环保执法环境监管。自动监控系统严格执行24小时监控和24小时记录，严格执行监控数据的三级审核和三级把关。合格监控数据，作为企业超标排放和超量排污的违法依据。对超标企业不仅实施排污收费，实施超标处罚，实施限期治理，而且项目不予验收，总量不予审批，上市不予核准，形成对污染企业的监管反制。

山西所有重点污染企业，诚服于环境自动监控的威力。环保天网远程监视污染现象，远程监测超标现象，远程监控违法行为，而且定期公布监控结果；违法问题实录，污染现象在案，所有污染企业不敢再瞒报、虚报、谎报污染数据，不敢再超排、偷排、暗排污染物质。相反所有重点企业环保设施被激活且实现高效运行，形成对污染企业的监控反促。

山西监控1 000家重点污染企业5 500个重点污染点源，打破了过去“管理靠经验，污染靠眼看，收费靠估算，处罚凭感觉”的环保执法窠臼，打破了国内“监视不监测、监测不警示、警示不控制、控制不处罚”的自动监控格局，打造了“既监结果又监过程，既监浓度又监总量，既控污染又控生产”的全息化、数量化、精细化的现代执法监控体系。

自动监控作为山西环境保护的科技制裁，解决了环保曾经“只监不控”的困局。2012 年，周生贤部长在山西考察时高度评价：山西环境自动监控不仅是全国最先进的，而且是全国最实用的！山西在体制机制创新上走在了全国的前列。

第六剑　生态扣缴

在山西所有城市的所有河流，铺开一项地表水跨界断面水质考核生态补偿的博弈。以生态扣缴倒逼企业治污，以生态补偿激励环境改善，被称为断面考核生态补偿机制。生态扣缴成为环境法治的财政强制，形成山西环保的财政制裁。

2009 年，山西发布《关于实行地表水跨界断面水质考核生态补偿机制的通知》，启动了生态补偿的倒逼和激励机制。

所谓倒逼，是对河流水质不达标的城市扣缴生态补偿金。这项考核要求河流水质 COD 控制于 20 毫克 / 升的考核标准。超过考核标准 5 毫克 / 升限内，扣缴 10 万元，超过考核标准 10 毫克 / 升限内，扣缴 50 万元，超过考核标准 10 毫克 / 升限外，扣缴 100 万元，而且按月累计，由财政直接划拨，执行扣缴。

所谓激励，是对河流水质改善的城市给予生态补偿奖：入境水质达标而出境水质跨级别改善，奖励 200 万元；入境水质超标而出境水质达标，奖励 300 万元；入境水质超标而出境水质跨级别改善，奖励 500 万元。生态补偿奖金源于生态补偿扣缴：将河流断面水质不达标城市扣缴的生态补偿金，划拨给水质达标并改善的城市，作为奖金，兑现补偿。

这个机制的要害，重在“扣缴—倒逼”，在于建立一种倒逼机制。省里扣缴市里生态补偿金，市里就扣缴县里生态补偿金；市里就扣缴县里生态补偿金，县里就扣缴企业生态补偿金。层层扣缴，层层倒逼。最终，倒逼企业排放达标——不是达到行业企业排放标准，而是达到断面考核标准。

也就是，不论是城市污水处理企业，还是工业排水企业，都必须达到河流断面考核标准，即，COD 控制在 20 毫克 / 升限域。对于水质未能达标者，不仅扣缴生态补偿金，而且，如果是政府的责任，就对政府官员实施问责；如果是企业的责任，就对企业高管实施问责。超标严重，将实施项目限批。

生态扣缴作为山西环境保护的财政制裁，将生态补偿逼入强制程序。考核结果：4 年扣缴生态补偿罚款 4.85 亿元，兑现生态补偿奖励 1.88 亿元；河流污染断面由 2009 年的 56.9% 降至 2012 年的 27.8%。河流改善，20 年未曾有过。

第七剑　刷卡排污

山西企业正发生一件新事：在企业仪表丛林里，一个蓝色刷卡监控仪，可以看到“排污浓度实时控制”和“排污总量计量控制”结果。这是山西排污总量刷卡式管理仪。刷卡排污成为环境法治的技术关卡，形成山西环保的技术制裁。

2011 年，山西出台《关于对全省首批重点排污企业实施污染物排放实时总量监控的通知》，启动排污刷卡管理机制。

这个机制，是以排污许可证为中心的总量管理与控制机制。也就是，在企业安装刷卡式总量监控仪，与山西省污染物自动监控平台联网，使总量控制真正进入“刷卡计量、减排见量、超排购量、控制总量”的运行轨道。企业能够排放多少污染物，已经排放多少污染物，还剩多少允许排放量，或者超排了多少污染物，尽在严格掌控之中。

企业安装刷卡式总量监控仪，并领取污染物排放总量IC卡。而IC卡的总量，来源于环保部门依法发放的排污许可证；而排污许可证给出的总量，来源于国家污染物排放标准和环境影响评价审批。以环境影响评价作为确定企业污染物排放总量的最终法定依据，由企业在环保部门持卡充值，依法获得年度刷卡排污的总量。企业由此获得法定总量。

企业刷卡式总量监控仪联网上线之后，标志省级环境监控平台和企业排污监控仪器构成一个总量控制系统。在这个系统里，企业排放总量是法定的，每日污染物允许排放量是规定的。系统会实时显示污染物排放总量、污染物允许排放量、污染物实际排放量和污染物剩余排放量。污染物排放被自动限制于严格的科学程序。企业由此实现扣减总量。

企业污染物一旦发生超允许排放，总量监控系统立即警示，企业必须立即调控，宁限制生产不超排污染；污染物排放达到允许排放量的90%时，总量监控系统立即警报，企业必须超前减排，宁减少产能不增加污染；污染物排放量超过允许排放量时，总量监控系统立即警告，企业必须购买排污指标，没有总量就不得生产。企业由此必须购买总量。

企业如果不实施刷卡式排污管理，或者刷卡排污管理不能正常运行，环保部门一律不予核定排污指标，一律不予发放排污许可证，一律不允许参与排污交易。企业如果购买排污指标超过本区域污染物总量控制指标，不能满足区域环境功能区域质量要求，仍属于超标超总量排放污染物，环保部门将依法实施严厉的处罚。企业由此被罚于超购总量。

刷卡排污作为山西环境保护的技术制裁，将法制化和科技化的现代监管直逼企业，标志着山西企业污染物监管真正由浓度控制走向了总量控制，而浓度控制和总量控制真正达到了计量控制，实现了环境执法和环境监管上的崭新突破。

第八剑　环保约谈

山西环保界正发生一个新闻：环保部门一个电话，就将环保不作为者约来谈话。像中国纪检监察约见谈话，像香港廉政公署请喝咖啡，山西环保执法坐地生威启动约谈。环保约谈成为环境法治的纪律保证，形成山西环保的纪律制裁。

2012年，山西出台《山西省环境保护重大环境问题约谈规定》，只要区域流域出现或可能出现重大环境污染问题和重大环境安全隐患，只要环境问题被挂牌督办、限期整改或被中央媒体、省级媒体批评曝光，只要环境问题被列为危险废物或重金属污染治理规划而又进展缓慢，只要发生重大环境纠纷、重大环境信访事件又久拖不决造成社会影响，山西省环保厅对地方政府官员和重点企业高管进行追责约谈。

约谈程序启动后，被约谈人必须亲赴约谈，不得推诿，不得委托，无故不履行约谈，将被严厉通报批评，并被追究行政责任；被约谈人必须依法整改，不得拖延，不得松懈，逾期未完成整改，或者整改不合格者，将被追究法律责任。环保约谈事项及其整改结果，一律纳入地方政府年度目标责任制考核内容，作为评先创优晋级升职砝码，一票否决。

2012年，成为山西污染减排约谈年，山西省环保厅对7个县级政府、20个国有企业的27位领导人进行了约谈。之后，忻州市约谈多家电企，环保设施与机组不能同步投运，机组不得投产；长治市约谈多家电企，规定时限完不成机组改造，机组必须关停；朔州市约谈多家电企，发电机组关停不了，追究个人责任。省里约谈市里，市里约谈县里，县里约谈企业，之后，氮氧化物污染减排攻坚，大面积铺开。

实际上，环保约谈背后，隐藏着一个令环境违法者战栗的最严厉的环保案件查处。这就是，处理事和处理人结合。所谓处理事，就是对污染企业，该停的停，该关的关，该拆除的拆除，该取缔的取缔。所谓处理人，就是对责任官员，该撤的撤，该降的降，该追究的追究，该处分的处分。

环保约谈作为山西环境保护的纪律制裁，其实就是反污约谈。污染背后是环保不作为，环保不作为背后是消极渎职。山西反污约谈成为山西反腐约谈之后第二把利剑，实际是以环境保护反污约谈，显示着社会保护反腐约谈的巨大震慑。

第九剑　末位淘汰

在山西，一项环境保护的行政创举，实施已近10年，犹如巨大的绿色推土机，将成群成群的污染企业推进了历史。这项举措，就是环境污染末位淘汰。末位淘汰，被称为山西环境法治的政府措施，它形成山西环保的行政制裁。

2004年，山西省人民政府启动一次重大治污行动，对黑色行业的污染企业实施强行淘汰。这次行动，由山西省人民政府下达环境污染企业淘汰名录，地方城市人民政府下达强行淘汰文件，县级人民政府将行政法律文书送达被淘汰污染企业，并监督企业在规定时限内自行关停落后生产设施。

山西责令，县级人民政府是实施末位淘汰的责任主体和执法主体，对逾期未自行淘汰的污染严重企业，由县级人民政府下达关闭决定，并组织环保、工商、公安、电力诸部门，对其采取强制措施，切断高压线，查封生产线，坚决予以淘汰，强行淘汰费用由污染企业承担。淘汰的标准是：吊销证照、拆除设备、断水断电、彻底摧毁，使其不得死灰复燃。

山西要求，对未如期完成环境污染末位淘汰，随意放宽关闭淘汰标准，不执行强行淘汰和彻底摧毁要求，并弄虚作假包庇放纵违法行为的单位和个人，环保部门与监察部门依法依规追究责任。而对全部末位淘汰的督办，山西省政府派员直奔企业，不打招呼，明察暗访，全程录像，直接督察。

山西规定，对于没有按期完成环境污染末位淘汰的县市，山西省环保部门暂停其建设项目排污总量的核定，暂停其建设项目环境影响评价的审批；对各市实施环境污染末位淘汰的结果，在新闻媒体上公布曝光，发起有奖举报性的社会监督，而对打击报复举报人的违法行为，坚决严惩不贷。

2005年，淘汰404家污染企业；2006年，淘汰239家污染企业；2007年，淘汰148家污染企业；2008年，淘汰324家污染企业；2009年，淘汰59家污染企业；2010年，淘汰62家污染企业；2011年，淘汰101家污染企业；2012年，淘汰178家污染企业。在不到10年的时间里，仅末位淘汰，山西就强行淘汰关闭了1 515

家污染和落后的企业。

末位淘汰作为山西环境保护的行政制裁，从诞生起就受到国家高度关注，称之为重要经验。多年之后，山西省政府仍然强调：完善环境污染末位淘汰制度。就像山西省委书记所言：要旗帜鲜明淘汰落后产能，不然我们就没有环境容量。

第十剑　限期关停

在山西，一部环境保护历史，实际就是关停污染企业的历史。污染企业屡屡遭遇环保关停，成就了山西环境的历史转变。这种关停，就是环境保护限期关停。限期关停，被称为山西环境法治的政府攻坚，它形成山西环保的施政制裁。

2006年，《山西省重点工业污染源治理办法》就规定：所有工业企业都必须建设环保设施，实现达标排放，到2008年年底，不能实现达标排放的企业，不论所有制形式，不论规模大小，不论背景如何，都必须关闭停产。在2006年当年，山西省政府就决定，对电力企业未完成脱硫限期治理的20台机组予以关闭、32台机组停产治理、89台机组严厉处罚。2008年，对逾期未完成达标排放的476家企业实施了零点关停。曾有人为此而说情，省长当即发话：“没有商量余地”。

2011年，《山西省燃煤电厂烟气脱硝限期治理任务的通知》要求：列入烟气脱硝限期治理关停计划的机组，按照限期治理关停时限予以关停。限期治理时限滞后于关停时限，按照关停时限予以关停；关停时限滞后于限期治理时限，按照限期治理时限予以关停。2012年，山西省政府决定，对逾期未完成烟气脱硝限期治理的机组停产治理，多家电力企业被预警通报、环保约谈、红灯警示，直至37台机组被关停。山西省省长坚决表示：绝不因为经济困难而放松污染减排！

2012年，山西省政府批准《全面改善省城环境质量实施方案》执行：太原市必须在2012年限期关停周边企业。为此，省城著名的8大国有企业纷纷关停。太原煤气化公司，一个曾经为环保而生的企业，如今为环保而死，在这年世界地球日之后举行关停仪式，隆重宣告退出历史。至此，太原市空气质量实现了历史突破，第一次达到了国家空气质量二级标准；山西省所有省辖城市，实现了国家空气质量二级标准全覆盖。山西省省长提出的“搬走污染源”获得了兑现。

限期关停作为山西环境保护的施政制裁，在于破解环境保护最大的难题。环境保护是个难题；环境保护执法更是个难题；环境保护执法而关停企业难上加难。但山西环保利剑出鞘，环保难题得到了破解。环保之难破解，环保转变始生。

这就是，“违法成本低，守法成本高”之危机，进而向着“违法成本高，守法成本低”转机；“污染代价小，治污代价大”之逆势，进而向着“污染代价大，治污代价小”转势；“顶得住的站不住，站得住的顶不住”之困局，进而向着“顶得住的站得住，顶不住的站不住”转局。最终，成为推动山西经济转型的巨大动力和山西社会转型的巨大动力。

2010年和2011年，环保部部长周生贤批示指出：山西环保取得了举世瞩目的成就，很多做法值得推广；山西环保取得很多实质性进展，有的经验可在全国推广。希望山西环保厅再接再厉，发扬成绩，克服困难，争取取得更大成绩。

2011年和2012年，山西省委书记袁纯清批示强调：山西环保工作成绩明显，但压力仍大，任务仍重，要发扬成绩，狠抓薄弱环节，攻坚克难。既要严抓严管，又要改革创新，要在体制机制上有新的突破和发展，为生态山西作出贡献。

山西环保公益宣传[1]

汾河是山西的母亲河，汾河是山西的形象河。

汾河是山西人民的生命线，汾河是山西发展的大动脉。

汾河流，山西盛。汾河清，山西兴。

山西作出了“再现汾河流水哗啦啦”的巨大决策。

山西推出了“坚决拯救山西母亲河”的巨大行动。

2009年，在连续3年实现空气环境质量历史性好转之后，山西省领导多次要求，山西水污染治理要加大力度，蓝天碧水工程，要再上一个新水平。国家领导人视察山西时也嘱托，山西要把水的问题解决好了，山西就真是山好水好人也好了。为此，新成立的山西省环境保护厅，把环保攻坚转向水污染治理，决定大打一场治水之战，在两到三年的时间里，彻底打胜山西水环境治理的翻身仗。

为给山西治水攻坚营造强大的社会氛围，为让汾河以崭新形象展现于新世纪的山西，2009—2010年，中华环保基金会注资100多万元，由山西省环境保护厅、山西省委宣传部、山西省人大城乡建设环境保护工作委员会、山西省政协经济与人口环境资源委员会、

---

① 本文发表于2010年3月2日《中国环境报》。原题为《营造治水攻坚的社会氛围——山西生态汾河大型公益宣传系列活动形象展示》，并配发图片。文章发表后，环境保护部《宣教工作简报》认为，山西活动形式新颖，主题突出，吸引力强，看后很受振奋。遂组织总结山西开展大型公益宣传活动的经验材料，印发各地，供学习借鉴。

山西省发展和改革委员会、山西省水利厅、山西省林业厅、山西省建设厅、山西省教育厅、山西省民政厅、共青团山西省委、山西省文学艺术界联合会、山西省作家协会、中华环保基金会山西代表处等 14 个部门，联合发起以“再造碧水汾河，构筑生态文明”为主题的生态汾河大型公益宣传系列活动。

生态汾河大型公益宣传系列活动由山西省环境保护宣传教育中心、山西省环境文化促进会、中华环境保护基金会山西代表处承办，共分为五大系列：生态汾河社会宣传活动；生态汾河摄影宣传活动；生态汾河文化宣传活动；生态汾河新闻宣传活动；生态汾河宣传展示活动。

生态汾河，这是三晋大地关于汾河环保最大的公益宣传活动，也是现代山西关于汾河生态最强的社会舆论活动。生态汾河大型公益宣传系列活动，掀起和推动了山西水环境攻坚的猛烈决战，成为山西环保公益活动的一个新的亮点，也成为山西环境宣传历程中的一个新的亮点。

亮点之一：理念先进，生态汾河现代概念显示了先导力

2009 年年初，山西省环境保护厅提出“生态汾河”的宣传理念，发表了著名的《生态汾河宣言·再造一条绿爱流淌的河流》。

这个宣言向社会大力宣传了一个很好的现代河流理念：生态汾河应该是流线型的生态河流，是平面型的生态河流，是立体型的生态河流。生态汾河是生态文明的注脚，生态文明是生态汾河的源流。再造一条绿爱流淌的河流，是人类对于河流的拯救，也是人类对于自己的拯救。恢复“汾河流水哗啦啦”的景象，恢复汾河流域的生

态良性循环，再造汾河以及山西的生态文明，成为山西环保攻坚的新目标。

生态汾河理念，提升了山西汾河流域环境治理和生态修复的生态文明内涵，响应了国家领导人和省领导对山西水环境治理的高度要求。

亮点之二：强声造势，生态汾河联合行动显示了推动力

2009 年，山西空气环境质量在甩掉全国污染第一的帽子之后，空气环境质量连续 3 年大幅度改善，实现了空气环境质量的历史性转变。国家领导人和省领导多次提出，山西水污染治理要加大力度，蓝天碧水工程建设要再上一个新水平，山西要彻底打胜水环境翻身仗。水环境质量的改善已成为山西的当务之急，山西需要一个新的环保攻坚宣传声势。

值此之际，由中华环保基金会注资，山西省直党政群团 14 个部门联合发起生态汾河大型公益宣传系列活动。这种生态环境宣传上的联合行动，依靠基金支撑，行政强势宣传；依靠行政支持，社团强劲作为，形成强强互动的机制。不仅为生态汾河建设营造了强大的社会宣传氛围，而且为山西水环境攻坚营造了强大的舆论声势，形成了积极的社会推动。

亮点之三：热潮迭起，生态汾河社会宣传显示了爆发力

从 2009 年 3 月起，以关爱汾河为主线，山西展开了生态汾河社会宣传活动，发表了著名的《生态汾河宣言》。中华环境保护基

金会理事长曲格平、山西省人大常委会副主任谢克昌、山西省副省长牛仁亮以及30多位厅局长出席了世界环境日举行的生态汾河盛大集会，曲格平发表了《希望我祖宗在的地方建得更好》的讲演。3 000多名集会者深受鼓舞。

社会宣传活动是生态汾河的主体活动、龙头活动。声势浩大的集会启动后，一年间，山西大学生生态汾河诗歌朗诵活动、中国大学生生态汾河回访巡展活动、民间社团生态汾河社会宣传活动、社会公众生态汾河治理建议等活动频频举行，连连不断，在山西形成了社会舆论造势的崭新氛围，掀起了拯救山西母亲河的社会化宣传热潮。

亮点之四：痛触现实，生态汾河摄影宣传显示了震撼力

从2009年3月起，以聚焦汾河为主线，组织启动了省内外摄影家生态汾河摄影征稿活动、山西摄影家生态汾河摄影采风活动、汾河流域6城市摄影征集活动、生态汾河摄影作品评选活动和生态汾河大型摄影展览活动。

摄影宣传活动是生态汾河的招牌活动、亮相活动。活动开展一年间，社会各界积极响应纷纷参与，整个活动征集到摄影作品4000多幅。声势浩大的生态汾河摄影展览，创山西环境影展的历史之最。许多摄影作品痛触现实，令人震撼。

公众称，生态汾河摄影展览是山西环境展览最轰动的一次，比专业摄影展览都火。摄影宣传活动凝聚了汾河忧患，带动许多媒体记者、公众记者纷纷在媒体和网站上发表摄影作品，直接进行监督参与，推动了生态汾河的建设。

亮点之五：人文关爱，生态汾河文化宣传显示了感召力

从 2009 年 5 月起，以描绘汾河为主线，组织山西作家、记者关注汾河活动、山西书画家汾河采风活动、山西书画艺术家生态汾河笔会、山西民间环境文化创作活动、汾河流域生态汾河文学艺术创作活动、生态汾河书画作品展评活动。

文化宣传活动是生态汾河的品牌活动、风采活动。活动一年间，收到社会各界再现汾河历史状况、展现汾河现实建设、表现汾河现代生态的文学作品书画作品 2 000 多件。作品凝聚了山西人民对汾河的深情呼唤，活动显示了感召力。

山西著名作家艺术家挥毫泼墨，抒写情怀，社会各界关注者以笔为旗，书写壮志，展示了对汾河污染的呼吁与对生态汾河的憧憬，激发了社会拯救汾河的信念与行动，形成了山西生态文明建设的巨大力量。

亮点之六：舆论强攻，生态汾河新闻宣传显示了监督力

从 2009 年 7 月起，以保卫汾河为主线，组织山西省内外 20 多家新闻媒体开展新闻采访活动、环境舆论监督活动和环境新闻督察活动，纵横汾河 3 000 公里，跨越山西 6 市 40 多县，先后发稿 500 多件，迅速成为山西近年最具影响力的新闻采访和舆论监督活动。

新闻宣传活动是生态汾河的主打活动、冲浪活动。活动以监督为主，集执法监督、舆论监督、群众监督和政府现场解决为一体，对汾河治理先进的县市进行表扬宣传，对汾河治理滞后的县市和单位进行曝光批评。新闻宣传采用听取地方政府汇报、现场集中采访、

交流反馈意见、跟踪追踪督察的形式，促进水环境问题的解决，为山西打赢水污染攻坚之战营造了强大的社会舆论氛围。

亮点之七：亮丽书写，生态汾河宣传展示显示了吸引力

从2009年10月起，以展示汾河为主线，启动生态汾河宣言表演展示活动、生态汾河创作成果展示活动、生态汾河作品出版展示等活动，集中展示生态汾河大型公益宣传活动创作成果和实践成果。

宣传展示活动是生态汾河的汇总活动、形象活动。活动具有总览性。目前，正在编辑、制作、出版以生态汾河文学作品、生态汾河新闻作品、生态汾河摄影作品、生态汾河书画作品为主体的“生态汾河公益宣传系列丛书”，以此构建生态汾河文化工程，促进山西生态文化建设。

活动还将举行隆重的表彰奖励仪式和成果展示活动。生态汾河理念及其活动，已经成为山西凝聚社会环保力量的巨大亮点，成为山西环境宣传以及水环境攻坚的巨大亮点。

亮点之八：催生政策，生态汾河社会舆论显示了驱动力

2009年8月至10月，生态汾河新闻宣传报道、新闻采访快报以及社会治理建议，得到了领导的重视和批示，直接催生了山西水环境治理的新政策措施出台。

生态汾河活动的所有宣传信息、新闻信息、监督信息，凝聚着社会各界对汾河的强烈要求，引起高度重视。山西省环保厅厅长刘向东一手抓生态汾河宣传，一手抓生态汾河治理，在《生态汾河新

闻采访快报》上批示，要求新闻媒体高度关注汾河治理，环保部门落实政策措施。

刘向东瞄准碧水目标探索创新，山西省环保厅出台了山西省水污染防治考核问责办法和山西省跨界断面水质考核生态补偿办法，在水环境治理上实现了政策机制的重大突破，有效地促进了山西河流水环境质量的改善。

亮点之九：社会共鸣，生态汾河公益活动显示了参与力

生态汾河大型公益宣传系列活动，突出体现了其公益性，是环保公益的一次社会大实践。

宣传的环保公益性质，使活动广泛掀起一种强大的社会共鸣，凝聚起一种共同的公众行动。这就是关注汾河，关爱汾河，保卫汾河，建设汾河的社会行动。政府组织，公众响应，成为山西生态汾河社会公益活动的巨大默契，也成为当代山西社会环境保护的力量所在。

生态汾河大型公益宣传系列活动向社会做出的一个显示：环境保护没有政府的力量是一种缺失，政府环保是中国环境保护的主导；环境保护没有公众的力量也是一种缺失，社会环保是中国环保的主力。环境保护事业的社会意义，在中国科学发展历程中将越加显著。

亮点之十：河铺锦绣，生态汾河环境改善显示了公信力

参加山西生态汾河活动的记者、作家和艺术家们，从汾河带回来一瓶瓶清澈的水，发回来一篇篇汾河改变的消息，告诉人们：汾

河正在变清，山西的水环境正在改变。

汾河流域企业全部堵死了排污口，汾河沿线70%的城市建成污水处理厂，汾河沿岸正在铺开绿色锦绣，加紧建设生态走廊。汾河源头10年来第一次出现了一类水质，汾河水库10年来第一次达到了二类水质，汾河全线10年来水质变得越来越清。全省26条河流水污染河段已由2005年的88%下降到68%，水环境恶化趋势得到极大控制并实现改善。

现实的汾河正在成为一条亮丽的现代生态河流。汾河用它全部的形象告诉世界：我们党和政府的社会公信力，在蓝天碧水与生态汾河建设中，显得越来越强，越来越提升。

山西环境舆情应对[①]

2010年9月初的日子，对于山西环保界，是世界媒体关注山西的日子，也是山西环保界关注世界媒体的日子。

不是山西发生了什么重大环境突发事件，而是发生了重大环境舆情突发事件。由美国媒体一条消息引发了中外媒体在互联网上对山西临汾污染问题的炒作，使“临汾”成为山西乃至中国污染的代名词。

山西省环保厅逆势而上，迎风出战，果断回应，坚决回击，终于打胜了这场应对舆情突发事件的遭遇战。

舆情突发：美国媒体评出世界九大污染严重地区，中国临汾位列第一

2010年9月1日，一则题为《美媒体评出世界九大污染严重地区，中国临汾位列第一》的报道，开始在互联网大大小小的网站迅速传播——

① 本文发表于2010年9月17日《中国环境报》。原题为《舆情应对四十八小时——山西省环保厅应对美媒报道临汾污染舆情突发事件始末》。该案例曾被山西作为舆论引导的成功案例推荐借鉴。

据国际在线专稿报道，美国《赫芬顿邮报》日前评出了世界九大污染最严重地区，中国临汾名列第一。报道说，坐落在产煤带上的临汾市，堪称“中国污染最严重的城市”。根据环保组织的一项调查，临汾市空气污染极度严重，当地居民如果把刚刚洗完的白色衣服挂到室外，等干透时，衣服已经变黑了。环保组织称，由于临汾市空气污浊，在当地生活一天吸入的有毒气体，相当于抽了3包烟。临汾的污染主要源于煤矿挖掘、汽车尾气排放和工业污染。

世界九大污染最严重地区具体排名为：中国山西临汾，美国洛杉矶，尼日利亚尼日尔三角洲，英国大伦敦地区，俄罗斯南部小镇捷尔任斯克，美国大凤凰城地区，印度尼西亚万隆，秘鲁拉奥罗亚，俄罗斯卡拉恰伊湖。

仅仅两天时间，这条消息的网络转载量迅速达到100多条，新华网、人民网、中新网、中国网、百度网、谷歌网、搜狐网、新浪网、南方网、凤凰网、侨报网、环球网……百余网站速以转载，大大形成网络覆盖之势。

这时，中国媒体似乎已经不是中国媒体，美国媒体似乎也不是美国媒体，本来是来自“两个世界”的媒体，一时间，都让互联网给沟通了。美国媒体怎么说，中国媒体就怎么转；美国媒体怎么登，中国媒体就怎么载。在临汾环境问题上，中国媒体如此跟着美国媒体说话，似乎一下没有了自己的话语权。

“戴帽子”容易“摘帽子”难。实际上，3年前，临汾就已经摘掉世界污染第一的帽子了，但互联网并没有这样“炒作”。而今，美国媒体不依据现实而又把一顶“污染第一”的帽子戴给临汾，网络却把它炒到了巅峰。

实际上，美国媒体是拿中国临汾作为依托点，把中国作为世界污染最严重的国家了，中国媒体却不问就里，盲目跟进。

中国媒体之所以这样操作，据媒体内部人士透露，各个网站有一个成文或不成文的规矩，对于重要消息报道，不能够漏报；漏报在考核的时候是要丢分数的。

中国媒体关于中国问题的报道，也居然如此！不过，中国媒体记者正义之士提出，应该立即召开新闻发布会予以回击，公布最新权威数据和环境质量真相。

应急研判：美国媒体炒作中国临汾，是美民间组织和媒体的通同作伪

2010年9月2日，山西环保界迅速进入应急研判状态。认定：这是一起环保舆情突发事件，而且是美民间组织和媒体的通同作伪。

其实，关于“临汾污染世界第一”的报道，对于中国媒体，对于山西环保，已经不再陌生。面对美国媒体的报道，说山西环保界高度紧张，不切实际；说山西环保界毫无所谓，也不切实际。真实的状况是，山西环保舆情检索系统发现这个问题，就立即进入报告与研判。

可以说，从2005年开始，美国媒体和民间组织几乎每年都要发出几乎同样的“评选”和“报道”。而美国媒体一发表，中国媒体和网络几乎每年都转载这样的“评选”和“报道”。

2006年，美国铁匠研究所评选出全球10大污染严重城市，当时的临汾，在10大污染严重城市中排名第一。

2007年，美国《国家地理》杂志公布临汾为全球9大污染严

重城市之一，当时的临汾，在 9 大污染严重城市中排名第三。

2008 年，美国《大众科学》杂志公布临汾为世界 10 大最污染城市之一，当时的临汾，在 10 大最污染城市中，排名第七。

2009 年，美国《大众科学》杂志又公布临汾为全球 10 大最脏城市之一，这时的临汾，在 10 大最脏城市中，排名第六。

2010 年，美国《赫芬顿邮报》评选临汾为世界 9 大污染最严重地区，但这次，临汾在 9 大污染最严重地区，却排名第一。

山西环保界研究这 5 年的资料，发现一个规律：无论媒体如何改变，但关于临汾污染的评价，几乎没有改变；无论临汾怎样改变，但关于临汾污染的排位，却越来越糟。

事实上，山西人经历了临汾的污染，经历了临汾的治污，也经历了临汾的改善。山西人太清楚自己，太清楚临汾了。现实的临汾已不是这样！

那么，观察《赫芬顿邮报》资料，山西环保界研究发现，美国媒体用来佐证“临汾污染世界第一”的资料，几乎还是沿用 2006 年铁匠研究所的旧的资料，是过时的资料，是旧闻而不是新闻。拿这些旧闻资料当新闻材料，不具有任何的事实说服力。何况，这些仅有的资料，更多的只是描述性和随意性的话语，并不具有科学的严谨性。

面对此况，山西环保界形成一个看法：山西不能缺位，不能失语，不能丢掉话语权，不能再沉默。

如果在 5 年前，说临汾污染世界第一，山西人无话可说，因为，当时中国的监测数据，临汾在全国 113 个城市中排名第 113 位，也就是污染第一。但 5 年后，事情完全逆转，临汾在全国 113 个城市中排名升至第 29 位，已经远远甩掉了污染第一的帽子。为此，我们怎么能够再沉默？

而且，5 年之间，无论美国民间组织怎么评选，无论美国媒体怎么公布，山西都没有说话，但不表明山西真就无话可说。

当然，有人认为，不过民间组织所为，不值得与之计较；有人认为，此乃非主流媒体行为，不值得与之较量。有的主张，冰点处理，不予理睬；有的主张，热点处理，引起争论。当然，还有人担心引起国际纠纷，还有人害怕惹出外交麻烦。

临汾市环保局坚守，你说你的，我说我的，不发生正面交锋。

山西省环保厅主张，必须正面应对，而且要正面回应快速回击！

山西省环保厅厅长刘向东，是一位富有舆论宣传理论和舆论应对实践的环保高官。他曾提出山西环保宣传的理论观点：环保宣传职能论、环保宣传超前论、环保舆论监督论、环保宣传放大论、环保话语权论，并建立了环保宣传的系列制度：环保信息公开制度、环保舆情检索制度、环保新闻发布制度、环保新闻通稿制度、环保舆论监督制度。

刘向东果断决策，快速反应，决定正面应对，对美国媒体作出回应，予以回击。

刘向东立即给临汾市委书记谢海拨通电话，两人达成共识：这不仅是临汾的事，不仅是山西的事，而是关系到中国形象的事，是一场没有硝烟的战争。维护国家形象，不能退缩，不能让步。

2010 年 9 月 2 日，刘向东果断决定：举行山西省环保厅新闻发布会，向媒体通报事实，向社会公布真相！

舆论回击：用数据说话，以事实佐证，让中国媒体告诉世界事件真相

2010年9月3日，山西省环境保护厅邀请人民日报山西分社、新华社山西分社、中国新闻社山西分社、中国环境报、山西日报、山西人民广播电台、山西电视台等30多家媒体记者举行新闻发布会。

在新闻发布会上，山西省环保厅新闻发言人刘大山向新闻界通报了美国媒体报道临汾污染严重的有关情况，对外界评价临汾污染严重作出了正面回应。刘大山认为，美国媒体《赫芬顿邮报》报道在国内外引起了比较大的反响，对山西临汾对外形象造成了负面影响。他郑重告诉媒体记者：近期内临汾市政府及有关部门没有接受过境外媒体的采访，该报道在数据引用和以此为据的评价上与事实不符。

山西省环保厅公布的事实真相，在于公布了山西临汾历史的和现实的环境状况，公布了临汾环境质量扭转和改善的真实事实。

刘大山说，山西省环境监测中心站监测结果表明：2006年以来，临汾市环境空气质量呈持续好转趋势。2009年达到国家环境空气质量二级标准，较2005年的劣三级水平实现了质的转化。2009年，临汾市二级以上天数已达334天，较2005年增加147天；综合污染指数为1.72，较2005年的5.46下降68.5%；在全国113个国家环保重点城市排名中，从2005年的倒数第一跃居到正数第29位，前移84位，彻底摘掉了全国污染最严重城市的“黑帽子”。

山西省环境保护厅向媒体记者提供了一份材料，这份材料列出了一个表格，临汾市2005—2009年的环境空气质量变化一目了然。

2005—2009 年临汾市环境空气质量变化情况

年　份	2005	2006	2007	2008	2009
环境空气质量级别	劣三级	劣三级	三级	二级	二级
二级以上天数	187	202	305	332	334
综合污染指数	5.48	4.19	2.82	2.01	1.72
在全国 113 个重点城市中排名	113	112	101	49	29

而就在山西省环保厅发布新闻的同时，山西省环境文化促进会联络民间环保组织、社会环保人士、著名作家学者，高度关注和研究美国媒体的失实报道，并组织撰写美国媒体炒作中国临汾污染的回应文章。

山西省环境文化促进会公布的事实真相，在于公布美国媒体所引材料的漏洞，公布了美国媒体和民间组织通同作伪的事实真相。

美国媒体的报道缺乏新闻的真实性。文章说，从《赫芬顿邮报》运用的资料看，它并不是现实临汾的真实写照，而是引用 5 年前临汾第一次被评为全球污染城市时，美国民间组织历时 7 年的研究报告。5 年间，中国临汾已经发生了名副其实的翻天覆地的变化，今天的临汾已经不是过去的临汾。所以，美国媒体的报道不具有真实性。

美国媒体的报道缺乏调查的科学性。文章说，从《赫芬顿邮报》提供的事实看，报道只用了描述性语言，而不是真正的新闻事实和数据。山西临汾的二级以上天数、综合污染指数、空气质量标准、全国城市排名，都有一系列监测数据，完全表明其环境质量发生变化，但美国媒体没有据此引用。所以，美国媒体的报道不具有科学性。

美国媒体的报道缺乏评选的权威性。文章说，从《赫芬顿邮报》所指环保组织看，这样的环保组织每年都把一项历时 7 年之久的研究报告提供给媒体，即使当初研究结论是真实的，那么时过境迁，对于过去成果和过期材料的引用，实际演变成一种随意的“拿来”，那毕竟已经不是临汾的现实。所以，美国媒体的报道不具有权威性。

最后，文章指出问题的实质：去真实性而就历史性，去科学性而就描述性，去权威性而就随意性，岂非咄咄怪事？但奥妙也许就在这里。《赫芬顿邮报》，一张新起的美国报纸。为了它的“生存”和“竞争”，不惜制造“国际新闻”以博得喝彩，不惜凭借“中国临汾”以获得青睐。此乃美国媒体炒作临汾的真意所在。

2010 年 9 月 3 日晚上，中国新闻网率先刊发了新闻报道《山西省环保厅：美媒体对临汾环境评价严重不符事实》，并刊发了新闻时评《美媒炒作临汾污染是制造媒体上的“污染”》。之后，新华网、人民网迅速在国内版和海外版同时刊出；搜狐网、新浪网、腾讯网、北方网、南方网、中国网、中华网、环球网各大门户网站相继发出。到 2010 年 9 月 4 日，山西省环保厅应对美国媒体的报道，已经登上百度、谷歌头条新闻的位置，继而，整个网络形成了正面回应的强劲势头。曾转载美媒体报道的一些网络开始摘除原先转载的内容。

2010 年 9 月 4 日 15 时，中央电视台驻山西应急报道组采访了刘大山，当天下午 18 时，中央电视台新闻频道快速播出；深夜 23 时，中央人民广播电台记者电话采访了刘大山，9 月 5 日 12 时，中央人民广播电台《中国之声》节目播出。这位新闻发言人在节目中再次重申：美国媒体对临汾市的说法缺乏数据支撑，与事实不符。

这位新闻发言人说，评价一个城市的环境空气质量，要以监测数据作为依据，重点是考察这个城市的空气综合污染指数和空气质量级别，数据是最有说服力的，数据是不会说假话的。美国媒体的说法，缺乏环境监测的数据支撑，所说的恐怕还是过去的临汾，不是今天临汾环境状况的真实写照。今天的临汾已经不是昨天的临汾，临汾的环境面貌正在发生着巨大的变化。

到此，在互联网上，已有100余家中外媒体和网站，刊发了山西省环保厅关于临汾污染问题的正面应对报道，在网络形成覆盖之势。山西环保界许多人称之为：打了一个漂亮仗。

山西范式：环保与媒体联手，迅速应对快速跟进，维护中国环境形象

2010年9月4日，刘向东厅长仍然处于媒体应对紧急状态。他一边打电话指挥采访，一边打电话安排汇报，要求迅速撰写报告，向山西省委、省政府报告山西省环保厅应对舆情突发事件的结果。

很快，紧急件《关于应对美国媒体报道临汾市被评为世界污染最严重地区情况的报告》送出。

实际上，在刚刚发现这个舆情突发事件的时候，山西省环保厅就向山西省委报告了这起舆情突发事件。而当时就在报告送出之后，没等领导批示回来，山西省环保厅立即采取了紧急应对行动。

9月4日，也就是报告送出的当天，山西省副省长牛仁亮很快在报告上批示：山西省环保厅应对及时、得力，避免了国际媒体对“临汾市”的误解，同时也为我省挽回了荣誉，值得肯定。

9月5日，山西省省长王君在报告上批示：对媒体舆论引导及时，方法得当，效果很好。今后在做好环保工作的同时，仍要重视舆论的分析和应对。真实客观地反映情况，接受媒体监督，维护我省形象。

9月6日，山西省委书记袁纯清在报告上批示：处理及时，应对积极，新闻发言人的发布和接受采访者表现得比较好，是一次成功的应对，为我们处理此类情况提供了范式。望加强这方面的总结和积累。

山西省环保厅应对舆情突发事件，创造了一个具有现实意义的经验。刘向东在给山西省委、省政府的报告中总结了这个经验。他说，一是面对舆情突发事件，要迅速决策，敢于快速反应，正确引导舆论；二是针对媒体报道，要客观分析情况，用事实说话，公布事实真相；三是重视媒体舆情，要立足大局，形成舆情应对制度，维护山西对外形象。

著名作家哲夫在自己的博客上著文《揭露美国媒体与民间组织通同造假事件》，转载了中国媒体关于山西省环保厅应对舆情突发事件的报道和时评文章，并加了博客按语。

哲夫说：从2005年开始，美国媒体和民间组织就把“临汾污染世界第一”的帽子戴在了临汾头上。这帽子一戴就是3年。山西人之所以不吭声，是因为英雄气短。这一次，绵善的山西人公然对外媒叫板了，这是因为，临汾已经不是过去的临汾。临汾的改观给了山西人底气，山西有了坚实的事实和依据；山西人敢于指责和质疑美国媒体了，这完全说明临汾空气质量获得了历史和现实的改变。

其实，山西应对舆情突发事件的真正基础，根本在于，山西环境保护实现了历史性的突破与转变，山西环境质量实现了历史性的改变与跨越。山西环境保护，具有了实实在在的壮足的底气！

山西环境宣传模式[①]

21 世纪是中国走向建设生态文明的世纪，也是山西快步走向生态文明的世纪。山西环保新政开启了山西生态文明的道路，山西环保攻坚凝聚了山西生态文明的力量，而山西环境舆论宣传，作为生态文明的先声，则成为山西环保新政的旗帜，成为山西环保攻坚的号角。

在山西，环境舆论宣传营造环境保护的社会氛围，创造了环境保护的社会效应，被山西社会称为“山西环境宣传模式”。

山西舆论宣传之所以称为“山西环境宣传模式”，完全基于，山西在推进环保新政和环保攻坚进程中，构建了崭新的环境舆论宣传思想观念体系，形成了独到的环境舆论宣传实践操作模式，并由此而产生了具有历史性和现实性的巨大的环境保护社会影响。

山西省环保厅厅长刘向东曾提出“环境宣传职能论”。他认为，环境宣传是环境保护的重要职能，环境宣传、环境管理、环保执法三位一体，共同构成环境保护的三大职能。环境宣传的内核，就是高度彰显环境保护的话语权；环境宣传的外延，就是广泛营造环境

① 本文发表于 2010 年 9 月 30 日《中国环境报》。文章发表后，被网络媒体转载。“中国环境报风格年论坛”曾评价认为，山西环境宣传报道形成了创新风格，达到了“宣传一个地方，突出一个地方特色，让宣传的地方感到自豪，其他地方觉得有用”的目的和效果。

保护的社会氛围。所以，要把环境宣传放到实现国家环境保护意志的高度，以环境宣传的力量推动国家环境保护意志的实现。彰显环境保护国家意志，这就是环境保护话语权之根本所在。

在提出“环境宣传职能论”之后，山西又提出“环境宣传造势论”、“环境宣传话语权论”、“环境舆论超前论”、“环境舆论放大论”、“环境舆论监督论”、“环境舆情应对论”，以新的理论基点支撑和构建了环境舆论宣传思想观念体系。并且出台了“环境信息公开制度”、“环境新闻发布制度”、“环境新闻通稿制度”、“环境舆论监督制度”、“环境舆情应对制度”，以新的操作方式构架和形成了环境舆论宣传实践运作系统。此二者，构成山西环境宣传模式。

山西环境宣传模式的核心在于：求新创新——追求新闻价值和创造新闻效应。山西把这种追求和创造，作为环境保护的一种工作方式，将环境舆论宣传的职能和功用，推演到一种极致化的实践境界；以全新的环境舆论宣传的机制和方式，营造了一种巨大的绿色效应。山西环保新政的机制创新、政策创新、措施创新和运作创新，都在这种新闻价值和新闻效应的追求中获得了巨大的实现。

山西环境宣传模式，就是以“环境宣传造势论”及其实践，凸显环境保护推进力的模式

山西提出“环境宣传造势论”，指出：环境舆论就是环境保护的“扩音器”和“共鸣器”。其内涵在于：环境保护的本质是以人为本，因而我们的环境保护，是社会的环境保护，是公众的环境保护。推进环境保护，需要公民社会的真正觉醒，而公民社会的真正觉醒，在于环境宣传的社会动员。环境保护没有强大的社会声势和

社会氛围，就形不成社会力量和民主力量，而环保的社会力量和民主力量，是环境保护的真正压力和真正动力。那么，环境宣传具有这样的造势功能，环境舆论具有这样的造势功能，而媒体的造势，就是社会舆论的发生器，它形成强大的环境保护社会推进力。

2006年，是山西环境形势最为严峻的时候，山西临汾、阳泉、大同被列为全国污染第一、第二、第三的城市，临汾则被称为“环境污染世界第一”。政府对辖区环境质量负责，这是环保法律早就明确规定的职责，但在相当长的时间里，政府的环保责任实际并没有落实，官员的环保责任并没有承担。在这种背景下，山西提出一个观念：环境问题已经发展成为一个社会政治问题，一个政治经济问题，环境问题的解决依赖于执政理念和执政能力的解决。那么，山西环境宣传舆论必须对环境问题的解决给予社会政治推动。

为此，山西发起《山西省社会公众环境意向调查》：调查结果表明，80%的公众不愿意财政收入领先而环境污染严重的市长留任，89%的公众赞成党政领导实行环保一票否决权，90%的人呼吁实行领导干部环保问责制。山西提出确立环境保护政绩考核理念，把环保纳入领导班子和领导干部政绩考核体系，将考核结果作为评先选优和干部任用的重要依据，实行环保一票否决权。山西建立了环保政绩考核机制体系，出台了《山西省环境保护违法违纪行为处分暂行规定》、《山西省领导干部环保政绩考核暂行办法》和《山西省关于市县主要领导干部科学考评暂行办法》。

当时，山西环境宣传连连推起3个舆论冲击波，为营造环境保护的社会政治氛围高调造势。第一个冲击波，宣传社会公众对环保政绩考核的呼唤，“公众不满意财政收入领先而污染严重的市长留任”，成为舆论造势的先声；第二个冲击波，宣传省委书记提出的科学执政理念，“山西不要污染的GDP、不要带血的GDP、不要损害人民根本利益的GDP”，成为舆论造势的核心；第三个冲击波，宣传山西环保政绩考核机制的实效，山西查处因负有环境责任而被“环境问责”的领导干部，成为舆论造势的主体。由此，环境保护在山西成为党政“一把手意识”，环境保护上升为党政“一把手工程”。

社会政治舆论上的环境保护造势行动，使山西环境保护真正进入了“新”的世纪，环境保护在社会公众的观念和政府官员的观念中，发生了前所未有的变化。山西百姓形成了共识：环境问题成为民生问题，政府官员不尽环保职责就是不称职的官员。山西官员形成了共识：环境保护成为了社会政治问题，领导干部不抓环保的时代一去不复返了。媒体造势推动山西环保政绩考核，环保政绩考核推动山西环境改善，山西终于摘掉了“中国污染第一”的帽子。

山西环境宣传模式，就是以“环境宣传话语权论”及其实践，彰显环境保护法治力的模式

山西提出“环保宣传话语权论”，指出：环境舆论就是环境保护的“表决器”和“制动器”。其内涵在于：环保话语权是环保部门的重要权威，它同环保审批权和环保处罚权一样，成为环保部门的三大权威之一，而且，其权威之力越来越显。实际上，环保话语权，就是影响发展决策的权力，就是彰显环保法治的权力，就是实施舆论监督的权力，就是开展宣传造势的权力。在某种意义上，话语权就是决定权，话语权决定环境保护的地位，话语权提升环境保护的权威。所以环保部门必须高度重视话语权，学会表达话语权，敢于

显示话语权，善于运用话语权，以彰显环保话语权的现实威力。

2006 年，是山西发起环保攻坚的时候，也是山西环保攻坚举步维艰的时候，攻克环境违法沉疴和环境污染顽疾，成为环保攻坚的首克之难。当时，作为在山西举足轻重的、既是经济大市也是污染大市的孝义，是山西环保攻坚必须突破的沉疴顽疾。山西环保部门已认识到，顽疾用重典，沉疴施重拳。但是，怎么突破？成为山西环保的一个历史抉择。当时，山西就选择了重在凸显环境保护话语权的创新力举——“暂停审批”和“区域限批”。

山西环保凸显环保话语权的方式：第一，让环保话语权到达决策层面；第二，让环保话语权到达对象层面；第三，让环保话语权到达社会层面。先是，刘向东在山西省委常委会上据理力争，陈述事实，提出对环境违法典型坚决予以重处的执法思路。继而，山西环保部门挡住诸多说情劝告，坚决对孝义实施“暂停审批”，将执法创新的第一把利剑直指这个因污染而发达的经济强市，创造了山西环保的头号新闻。当即，山西环境舆论一触即发，一发而不可收：“山西暂停孝义的环保审批权”的报道，成为全国舆论热点。这是山西环保创造的中国第一个“暂停审批”，也是山西环保话语权的第一次强势显示。

然而，因污染而麻木的孝义市，当“暂停审批”利剑搁在头顶的时候，居然还不知道，这个“暂停”停的就是其经济建设项目。这次环保话语权的显示，由媒体的解读和监督，由舆论的聚焦和直击，直接引发的是：孝义市读懂了“暂停审批”的话语意义，丢掉20 亿元固定资产和生产总值，断尾求生，转型发展，快速走上由环境污染大市向环境模范城市转型的道路；中国环保读懂了“暂停审批”的话语意义，国家环保总局借鉴山西做法，在全国实施“暂停审批”和“区域审批”，大大震慑了环境违法企业，一举打出了中国环保的话语权威。

山西环境宣传模式，就是以“环境宣传超前论”及其实践，透射环境保护引领力的模式

山西提出“环境宣传超前论”，指出，环境舆论就是环境保护的“领航器”和“加速器”。其内涵在于：环境舆论宣传具有可超前特点，超前思维和超前意识是它的潜质，超前策划和超前设计是它的显能，超前操作和超前造势是它的方式，超前氛围和超前气势是它的实现。绿色时代的环境保护是超前的环境保护，超前谋划，超前操作，超前引领，注定是环境保护的时代要求，而不超前，即意味着滞后或者落后。可以说，没有超前意识的领导是不具备现代意识的领导，不会超前造势的领导是不具备现代方式的领导。因而，现代领导不仅仅要注重环境舆论宣传，而且要注重环境舆论宣传的超前行动。

2007 年，山西环保攻坚急速挺进，环保压力成为地方政府的巨大压力。这个时候，刘向东大胆策划一项激励政策：由山西省政府重奖环保市长。他给山西省省长报告了想法，省长到山西省环保局视察时突然提出，对山西在全国环境质量排名前移的城市，要给予 100 万～ 200 万元的重奖；这个奖，要奖到市长个人。当时，在山西，这绝对是个大新闻。在全国也是大新闻。山西省环保部门就策划：这个新闻怎么做？要做新闻报道，尚未形成文件；不做新闻报道，省长已经承诺。省长既然承诺，就是代表政府承诺。于是，突破过去“没有成文不报道”的做法，立即将“环保重奖”的新闻

报道出去，当然，也立即起草“环保重奖”的政府文件。没想到的是，媒体铺天盖地报道此事的时候，却立即引发了媒体争论，舆论矛头直指山西政府：做好环保是责任所在，凭什么就重奖政府官员？财政部门就埋怨了：没发文件，怎么就先把新闻发了呢？环保部门也担心：麻烦来了，不要再做“重奖”的舆论了。

舆论冲击，社会压力，呼啸而来，而就在这个时候，刘向东却兴奋了，他说，不论舆论肯定还是舆论否定，对山西环保都是支持。我们要的就是舆论效应。可以说，“环保重奖”新闻在社会引起的舆论轰动，远胜于“环保重奖”决策本身，也胜于“环保重奖”新闻本身。实质上，它是“炒”热了山西环保。所以，无论舆论如何，无论争论如何，山西官员环保攻坚的行动没有动摇，山西政府重奖环保的决策没有动摇，最后，媒体争论尘埃落定，环保重奖承诺兑现。第一年，山西一个城市独摘100万元大奖；第二年，山西七个城市各获200万元重奖；第三年，山西两个城市各获1 100万元巨奖。重奖之争引发的，是山西城市的环保竞跑，重奖之举引动的，是山西环境质量和环境形象的历史性跨越。

山西环境宣传模式，就是以“环境宣传放大论”及其实践，张扬环境保护影响力的模式

山西提出“环境宣传放大论”，指出，环境舆论就是环境保护的“辐射器”和“放大器”。其内涵在于：舆论宣传具有独特的传播效应和放大效应，环境保护具有现实的传播追求和放大追求。环境保护的“放大”和“高调”异名同通，环境保护的“低调”则是“无为”的别名。事实上，“高调”不只在塑造环保自己的形象，

而是在塑造政府执政的形象。但“高调”和“放大”，不是对事实的夸大，不是对事情的虚构，而是把事实的内涵发掘出来，把典型的经验传播出去，把行动的效应扩展开来。就是把事情所具有的价值意义，在更深内涵更广意域被阐释，在更高层面更广范围显示。放大是为了显示，显示是要引起关注，而引起关注，实际也引起社会的监督响应。

2007年，山西环保攻坚艰难推进，许多污染企业，被责令取缔却取缔不了，被勒令关停却关停不了，被明令淘汰却淘汰不了，置法律政令于不顾，违法运行，且顶风生产。山西环保部门独辟蹊径，寻找突破，与金融部门联合发文，出台了停贷措施；与铁路部门联合发文，出台了停运措施；与电力部门联合发文，出台了停电措施。文件规定，只要是污染企业违法生产，环保部门一纸“停”令，银行、电力、铁路就必须“叫停”。这些措施被称为“三停制裁”。这种制裁本身具有绝对的杀伤力，但一纸“停”令件能否执行，却也是问题。

山西环保部门立即彰显舆论放大功能，动用一切可以动用的媒体，将“三停制裁”宣之于社会，广告于公众，并放大为“组合套拳”、“铁腕行动”、“部门联动”、“统一战线”。舆论声势越造越大，社会影响越放越大，等于把叫停者自己也放大于阳光之下，以引起社会的监督响应。最后，终使“三停制裁”形成了实际结果：切断污染企业的资金线，切断违法企业的动力线，切断落后企业的运输线，等于切断了污染企业的生命线。而当这些“线”真的被切断时，企业着急了，他们跑银行、跑电力、跑铁路，末了，都说你环保过不了关。最后，这些企业没有办法了，说：“管钱的、管路的、管电的，都被环保管住了，环保怎么变得这么厉害了？”

其实，厉害还在后面。媒体放大了“叫停”，“叫停链条”越拉越长；舆论扩散了“联动”，“部门联动”越滚越大。山西环保部门与纪检、监察、公安、检察等20多个部门建立了执法联动机制，统一战线越扩越大；山西城市与城市、政府与政府、区域与区域，形成了纵向联防联控、横向联防联控、区域联防联控，联防联控越来越坚。可以说，舆论放大促成了“联动”机制，“联动”机制又激发了舆论放大，到最后，“舆论放大”把自己也放大到环保统一战线中去了，山西形成了环境保护的社会强势联盟和社会强势影响。

山西环境宣传模式，就是以“环境舆论监督论”及其实践，高扬环境保护批判力的模式

山西提出“环保舆论监督论”，指出，环境舆论就是环境保护的“监视器”和“推进器”。其内涵在于，舆论监督是现代环保的强势手段，对于地方政府，它具有舆论推进作用；对于污染企业，它具有舆论威慑作用。所以，面对环境违法行为，媒体舆论依法监督，对媒体而言，是责任所系；对环保而言，是借力发力。所以，环保部门要最大限度地依靠舆论监督，使媒体记者成为发现问题的耳目，发声呼吁的喉舌，发力鞭策的手掌。新闻媒体要成为环境保护的监督哨，批评批判的视角要紧紧盯着环境，以舆论监督推进环境质量的改善。

2010年，山西污染减排进入倒计时的最后攻坚，山西举全省之力发起冲锋，但在个别地方，仍有污染减排主体踌躇不前。山西组织污染减排新闻采访团，赴全省城市实施舆论监督。媒体采访被

环保挂牌督办的工业园区，园区领导承诺：摘不了挂牌督办的牌子，我主动请辞，请市长摘掉我的帽子！记者追踪污染减排工程缓慢的县市，县市领导表示：逾期完不成污染减排工程，该打板子打板子，该摘帽子摘帽子！舆论围剿污染尚未彻底改善的区域，地方领导责令：改变不了环境形象，无论官员调到哪个岗位，都将追究环保责任！

新闻采访团在山西东线采访，遭遇地方官员发表怪论："污染减排就是允许排放"、"发展经济就要牺牲环境"。而且，发怪论者竟是主管环保的官员，主管环保的官员竟然不负责任，无视环保，为污染辩护。媒体记者义正词严，现场批判，迫使"雷人"官员无言以对，当众认错。在山西西线采访，新闻采访团接到地方环保部门举报：著名的山西汾酒集团，迟迟不落实二氧化硫减排。政府下达的减排文件没有安排，环保部门登门督办被撵出企业，新闻记者希望其承诺却被一再推诿。媒体记者顶住说情撰写批评通稿，迫使汾酒集团董事长表态：污染减排，汾酒集团绝不拖山西的后腿！

环境舆论监督把污染减排紧箍咒越拧越紧，舆论监督也越来越引起公众关注领导重视。山西公众向污染减排新闻采访团举报环境问题，要求拧住污染企业批评曝光。山西省省长在新闻采访舆论报道上作出重要批示，要求高度重视跨省河流污染。山西省环保厅厅长刘向东在新闻采访工作报告上多次批示：新闻采访作为环保的耳目、喉舌和手掌，发现问题，批评曝光，引导舆论，发挥了媒体的监督作用，推动地方政府污染减排，促进形成了全民关注环保的社会氛围。

山西环境宣传模式，就是以“环境舆情应对论”及其实践，显示环境保护引导力的模式

山西提出“环境舆情应对论”，指出，环境舆论就是环境保护的“观察器”和“导向器”。其内涵在于：面对环保舆情突发事件，如果环保部门不及时传递真实的信息，失实报道或失真新闻就会大行其道；如果环保部门不能加以正确引导，任意传言或蓄意炒作就会招摇过市。所以，面对环保舆情突发事件，我们必须在第一时间迅速作为，掌握新闻发布的主导权：必须敢于决策，发出快速反应，正确引导舆论；必须客观分析情况，依据事实说话，公布事情真相；必须立足大局，形成舆情跟进，维护负责任的政府形象。

2010 年 9 月 1 日，一则题为《美媒体评出世界九大污染严重地区，中国临汾位列第一》的新闻报道，迅速在互联网传播——“据国际在线专稿报道，美国《赫芬顿邮报》日前评出了世界九大污染最严重地区，中国临汾名列第一。报道说，坐落在产煤带上的临汾市，堪称‘中国污染最严重的城市’。当地居民如果把刚刚洗完的白色衣服挂到室外，等干透时，衣服已经变黑了。在当地生活一天吸入的有毒气体，相当于抽了 3 包烟。”仅仅两天时间，这条消息在中国网络的转载量达到 100 多条，完全形成网络覆盖之势。消息给临汾、山西、中国，都造成巨大的形象损害。

2010 年 9 月 2 日，山西环保界迅速进入应急研判状态。认定：这是一起环保舆情突发事件，而且是美民间组织和媒体的炒作行为。因为，山西研究发现，美国媒体用来佐证“临汾污染世界第一”的资料，是沿用陈旧过时的资料，不具有现实的说服力。这些资料更多的是描述性和随意性话语，不具有科学的严谨性。为此，山西环

保界立即形成一个意见：我们不能缺位，不能失语，不能丢掉话语权。并且主张，必须正面应对，而且要迅速回应快速回击。

2010年9月3日，山西省环保厅举行新闻发布会，用数据说话，以事实佐证，向媒体通报事实真相：美国媒体报道在数据引用和以此为据的评价上与事实不符。据中国环保的监测数据显示，临汾环境空气质量由2005年的劣三级达到2009年二级标准；二级以上天数由2005年的187天达到2009年的334天；综合污染指数由2005年的5.48下降到2009年的1.72；在全国113个城市的排名由2005年的113名跨越至2009年的29名，已经彻底甩掉了污染第一的帽子。

当天晚上，中国新闻网率先刊发了《美媒炒作临汾是制造媒体上的“污染”》的时评文章和《山西省环保厅：美媒体对临汾环境评价严重不符事实》的新闻报道，紧接着，新华网、人民网、中国网诸多网站相继刊发应对报道，报道很快登上百度、谷歌头条位置，整个网络，形成了正面回应的强劲势头，起到了正面引导、还原真实、以正视听的作用，遏制了网络媒体的盲目炒作。

山西对美国媒体的“说不”，对网络舆情的“说不”，表明山西环境质量的改善，真正赋予了山西环保新的话语权，山西环境保护，具有了实实在在的底气！为此，山西环保人士称之为：打了一个舆情应对漂亮仗；山西社会高度评价为：一次成功的舆论引导案例。

可以说，山西环境宣传模式，是山西环境宣传思想观念的实践化体系，是山西环保宣传实践的理性化体系。它在认识论上为环境保护作出的新的探索，在方法论上为环境保护开辟了新的实验。山西以环境舆论宣传的现代模式，创造了环境保护的现代方式；山西以环境舆论宣传的现代功用，创造了环境保护的现代效应。

我们曾经说，环保宣传教育是环境保护国家意志的实现形式，那么，我们现在可以说，山西环保宣传模式，让环境保护国家意志真正获得了实现。

山西环保宣传效应[1]

在环境保护的弱势时代，中国环保界有一句名言，叫“没有枪，没有炮，只有冲锋号”。在环境保护的强势时代，中国环保界也有一句名言，叫“有了枪，有了炮，还靠冲锋号”。

中国环境保护的冲锋号，就是环境保护宣传教育。环保靠宣传起家，环保靠宣传发展，环保靠宣传提升。环境保护宣传教育，造就了中国环境保护绿色的精神与清洁的力量。

山西环境保护宣传教育，为山西环境质量改善大造舆论氛围，为山西环境保护营造强势宣传效应，推动了山西环保实现历史性转变，也将山西环保的创新成就推向了全国。

山西省环境保护厅厅长刘向东评价，山西“十一五”环保最大亮点，就是领导干部和社会公众环境意识的极大提高。山西环境质量实现历史性改善，山西环境宣传教育功不可没。

① 本文发表于2011年9月16日《中国环境报》。文章发表后，基层环保局长们认为，文章总结了山西环境新闻宣传实践，并提升到理论概括的高度，为环境宣传提供了经验。

内驱器效应：思想是内驱力，理论是内驱器。山西环境理论研究，创造了环保新政宣传的突破效应

中国的环境保护呼唤突破效应。环境保护的突破，往往在于环保理念的突破，在于环保理论的突破；而环保理论的突破，不仅在于理论探索的突破，更在于理论实践的突破。

山西致力于中国环境政治研究和山西环境宣传研究，为环保决策提供理性思路和决策参考。山西以理论研究推动环保新政，以理论宣传提升环保新政，创造性地为山西环保攻坚熔铸理论支点和宣传支柱，造就了巨大的理论宣传效应。

山西推出了《中国环境政治观察研究》、《山西环保新政观察研究》、《中国第一媒体观察研究》。在《中国环境保护的政治走势》研究课题中，山西提出，中国正在走向环保政治治理时代，这个时代的标志，就是环境保护上升为国家意志、政治意志；中国只有以政治力量统摄技术力量、经济力量、法制力量、公众力量合力攻坚，才能解决现实的环境危机；而当代中国，正在以环境政治治理破解环境现实难题。这个理论判断被山西环保界接受。刘向东厅长指出，环境问题是一个政治问题，环保工作就是在执行国家环保政治意志，而高度的政治任务，必须靠坚定的政治纪律予以保证。为此，山西铺开“环保考核”和“环境问责”政治机制，以环境保护的政治力量为强势推力，以党政干部和地方政府的环保履责为强硬杠杆，铺开了强大的环保攻坚行动，终于，仅仅一年，就撬动山西一举摘掉了全国污染第一的“黑帽子”。

山西提出了“环境宣传职能论”、“环境宣传造势论”、“环境舆论超前论”、“环境舆论放大论”、“环境舆论监督论”、“环

境舆情应对论”、“环境宣传话语权论”。这些理论观点，构建了山西新的环境舆论宣传思想体系，形成了独到的环境舆论宣传实践模式。这就是，山西把环境宣传作为环境保护的一种实现方式，将环境宣传的职能和功用突出到一种极致化操作。其精要在于，将环境宣传确定为环境保护重要职能，让环境宣传、环境管理、环境执法三位一体，构成环境保护的三大职能。山西指出，环境宣传的内核，就是高度彰显环境保护的话语权；环境宣传的外延，就是广泛营造环境保护的社会氛围；环境宣传的突进方式，就是不断追求新闻价值和创造新闻效应。所以，创造高调的环境舆论模式，营造巨大的环境舆论效应，使山西环保新政的所有创新在这种模式效应中获得实现，这就是山西环境宣传的话语权所在。

山西正是把环境保护提升到了实现国家意志和政治意志的高度，以环境宣传的力量推动环境保护国家意志和政治意志的实现，才使山西环保新政的追求，山西环保攻坚的行动，在环境保护宣传的效应中获得了突破性的巨大实现。

放大器效应：新闻是传播力，宣传是放大器。山西环境新闻宣传，创造了环保新政宣传的全国效应

中国环保进程得益于环境新闻推动。环境新闻宣传，不仅是环境保护的助推器，更是环境保护的扬声器；而环境新闻宣传的提升放大功能，越来越凸现其巨大的社会影响力。

山西致力于环境新闻操作创新和环境宣传运作实践，为环保行动酝酿舆论激励和社会鼓动。山西以环保新政助推新闻宣传，以新闻宣传放大环保新政，快捷性地为山西环保创新构架舆论支持和造

势支撑，造就了巨大的新闻宣传效应。

山西环保新政开启之初，山西就开政府部门新闻发布之先，建立了环境新闻发布制度。几乎每天都接待媒体新闻记者，几乎每周都发布环境新闻通稿，几乎每月都组织环境新闻发布会议。媒体记者形象地说，山西环境宣传团队，就是山西环境新闻的富矿。这个团队与媒体记者开通网络发稿热线，使“环保考核”的机制、“环境问责”的力举、“区域限批”的政策、“三停制裁”的措施、“末位淘汰”的制度、“自动监控”的利剑、“污染摘帽”的重奖和“生态补偿”的巨罚，都从这里发向媒体，形成互联网上的山西环境新闻热，形成全国性的媒体造势效应。山西由此成为全国环境新闻宣传的典型省份，也成为以环境新闻提升环境形象的典型省份。一位曾因环保信息不公开要“为难”环保部门的律师，就因山西环境新闻效应而改变看法，不再“为难”山西环保部门。山西环境新闻宣传，创造了山西环保的社会公信力。

山西环保新政轰动之后，山西开环境保护新道路研究之先，推出了山西环保创新研究成果。并借助主流媒体和主流阵地，做大做强主流舆论和主流宣传，在山西日报和中国环境报整版发表了《山西环保精神》、《山西环保作风》、《山西环保经验》、《山西环保道路》、《山西环保法鼎》、《山西环保效应》、《山西环保之变》、《山西环保思维》、《山西环境舆情应对》和《山西环境宣传模式》等长篇作品。文章被互联网广泛转载，将山西环保新政推向了全国，也为山西环保新政提供了思路。山西省环保厅将《山西环保之变》提出的“由环境污染大省向污染治理大省转变，由污染治理大省向环境改善大省转变，由环境改善大省向生态恢复大省转变”，确定为山西省第八次环境保护大会响亮口号，创造了山西环保宣传史上的第一个标志。山西省委宣传部将《山西环保道路》评为“山西省五个一工程奖”，创造了山西环保宣传上的第二个标志。其标志着山西环保理论研究在社科领域获得历史性成就，也标志着山西环境新闻宣传实现历史性突破。

山西正是营造了强大的新闻宣传之势，才使山西环保新政快速走向全国。全国研究机构纷纷聚焦山西环保模式，全国环保部门竞相借鉴山西环保做法。山西迅速成为创造环保经验的全国典型，也成为迅速改善环境形象的全国典型。

助推器效应：舆论是助推力，监督是助推器。山西环境舆论监督，创造了环保新政宣传的推进效应

中国环境保护提倡舆论监督。环境舆论监督，不只是媒体的环境监督，也是公众的环境监督，是民主的环境监督。它凝聚全社会环境监督力量，显示环境民主的巨大推动。

山西致力于舆论监督的组织和舆论监督的引领，为政府环保责任营造舆论声势和社会氛围。山西以舆论监督敦促政府履职，以政府履职回答公众呼吁，开创性地为环境质量改善构筑舆论高压和民主推动，造就了巨大的舆论监督效应。

山西出台了《环境保护舆论监督制度》，成为全国第一个为环境舆论监督设立制度支撑的省份，引起全国媒体的热切关注。2009年，组织了山西生态汾河新闻采访活动，2010年，组织了山西污染减排新闻采访活动，2010年年末，组织了山西联防联控新闻采访活动，为山西污染减排攻坚助以舆论之力。这些活动，纵横三晋11城市，与环境违法行为展开坚决交锋，强势出击，锐势监督，

造势而上，形成环保冲击波；奔走山西 3 万公里，与污染者展开了坚决斗争，连连批评，频频曝光，步步紧逼，形成环保监督力。敦促政府履行环保职能，迫使官员竭尽环保责任，书记表态，市长承诺，县长亲抓，打出了山西污染减排的铁腕行动；促使部门承担减排职责，进逼企业果断断臂治污，环保督战，部门出击，企业冲刺，发起了山西环保攻坚的顽强决战。山西环保舆论监督，为环境质量跨越性改善创造了强大的社会动力。

山西省省长王君、副省长牛仁亮，相继在舆论监督批评报道上作出重要批示，要求环保部门高度重视跨省污染，尽快研究办法确保环境安全。山西省环保厅厅长刘向东，连连在舆论监督紧急报告上作出批示，要求执法部门加紧落实政策措施，让舆论监督见到实效。由此，舆论监督直接催生山西跨界水质考核生态补偿政策，形成山西水环境治理的扣罚倒逼机制，推动山西污染减排攻坚跨越式挺进。2009—2010 年，山西跨界水质考核生态补偿扣罚资金 1.7 亿元之巨、奖励资金 1 亿元之多，快速推进了山西河流水环境改善。山西河流重污染断面首次下降 11.6 个百分点，水质优良断面首次增加 22.1 个百分点；汾河上游水质 20 年首次达到了一类水质标准，汾河流域 20 年首次实现清水复流。山西所有电企提前建成火电脱硫设施，山西所有县城如期建成污水处理工程，污染减排在全国排名在前，中部省份名列前茅。

山西将舆论监督提高到强化政府责任的高度，以环境舆论监督推进了环境质量和环境形象的再造，而环境舆论本身，也由“监察利眼”到“监督利剑”再到“监管利器”，实现了舆论监督功能自身的再造，创造了现实推进效应。

导航器效应：舆情是传感力，应对是导航器。山西环境舆情应对，创造了环保新政宣传的全球效应

中国环境保护进入网络时代。环保吸引媒体，媒体关注环保，但环境保护舆情应对，也成为当代环保的时代课题。环境保护呼唤舆论、借助舆论，更在于主导舆论、引导舆情。

山西致力于环境舆情应对和环境舆论引导，为环境质量改善展示历史依据和现实佐证。山西以环保历史转变塑造环保新政形象，以环保新政业绩印证环保历史跨越，开全国环境舆情应对先河，造就了环境舆论拨乱反正的全球效应。

2010 年 9 月，《美媒体评出世界九大污染严重地区 中国临汾位列第一》的新闻在互联网上热炒，并称“美媒将中国评为世界污染最为严重的国家之一”。山西环保宣传团队以高度的舆情敏感，意识到事情严重，当即向山西省环保厅报告，提出“不能沉默，不能失语，不能缺位”的主张。刘向东厅长立即向山西省委、省政府报告，并当即决定，快速予以正面应对。第一天，快速组织舆情分析研判，策划设计舆情应对方案；第二天，迅速调动权威事实数据，组织起草舆情应对文稿；第三天，立即举行大型新闻发布会，向媒体通报事实真相。当天晚间起，中新社、新华社、人民网、中央电视台等全国 70 余家新闻媒体刊发《山西环保厅：临汾被评世界污染最严重地区与事实不符》以及《美媒炒作临汾污染是制造媒体上的“污染”》，形成正面报道之势，许多网站开始摘除转载内容，互联网负面舆情被迅速压退。从此，“临汾污染世界第一”的不实报道不再被网络炒作。

5 年前，临汾确实污染严重，山西无话可说；5 年间，临汾铺

开环保决战，山西只干不说；5年后，临汾摘掉了污染帽子，山西不能不说。山西终于向全世界发言，用数据说话，用事实作证，一举扭转了山西在网络上的环境形象。为此，山西省委、省政府领导很快作出重要批示。省委书记袁纯清称：“处理及时，应对积极，是一次成功的应对，为处理此类情况提供了范式。”省长王君称：“对媒体舆论引导及时，方法得当，效果很好。今后仍要重视舆论的分析和应对，真实客观地反映情况，接受媒体监督，维护山西形象。”副省长牛仁亮称：“山西省环保厅应对及时得力，避免了国际媒体对临汾市的误解，为山西省挽回了荣誉，值得肯定。”山西省环保厅舆情应对被山西社会称为“成功应对的宝贵经验”、“舆论引导的成功案例”；环保部高度肯定山西省环保厅舆情应对的做法，并在环境媒体广泛宣传山西经验。

山西将环境舆情应对提升到政治高度，以突发舆情快速应对锻炼了环境保护执政能力，以环境保护高效执政显示了突发事件驾驭水平。山西环保攻坚历程就是突发事件应对的历程，舆情应对彰显了山西环境改善宣传的全球效应。

共振器效应：公益是共振力，行动是共振器。山西环保公益宣传，创造了环保新政宣传的轰动效应

中国环境保护根在社会。环保公益宣传，在于扩展环保公众化道路，在于推进环保社会化进程。动员公众自觉投身环保社会行动和公益行动，是中国环境保护的根本所在。

山西致力于环境自觉与环境公益的最佳实践，为政府环保行动聚集社会响应和公众互动。山西以政府环保决策赢得公众参与，以

公众环保行动获得政府支持，跨越性地打造重铸蓝天碧水的世纪工程，造就了盛况空前的世纪轰动。

2009—2010年，山西策划启动了生态汾河大型公益宣传系列活动。中华环保基金会鼎力支持，山西省政府部门联合发起，中国环保泰斗曲格平和山西省政府领导出席启动仪式，3 000公众隆重集会，200万民众深受影响，形成了一种强大的环保社会行动。千里汾河，千里涌动；万众公益，万众沸腾，开创了山西环境宣传教育的历史之最，成为了山西环保公益宣传的现代实践。不仅为生态汾河建设营造了强劲的舆论声势，而且为山西水环境攻坚营造了强大的社会氛围。不仅形成了山西环保新政的盛大集结，而且形成了山西生态文明的巨大凝聚。它向社会显示：政府环保是中国环境保护的坚强主导，环境保护没有政府的力量是一种缺失；社会环保是中国环境保护的坚强主力，环境保护没有公众的力量也是一种缺失。其全部意义在于告诉世界，执政党和政府的环保公信力，就在于蓝天碧水的再造和社会公众的满意。

由此，山西生态汾河大型公益宣传系列活动成为山西绿色公益行动的标志。《中国环境报》为此发表长篇报道，将活动聚焦为10大给力亮点：亮点之一，理念先进，以生态汾河现代概念显示公益宣传的先导力；亮点之二，强声造势，以生态汾河联合行动显示公益宣传的推动力；亮点之三，热潮迭起，以生态汾河系列活动显示公益宣传的爆发力；亮点之四，痛触现实，以生态汾河摄影活动显示公益宣传的震撼力；亮点之五，人文关爱，以生态汾河文化活动显示公益宣传的感召力；亮点之六，舆论强攻，以生态汾河新闻活动显示公益宣传的监督力；亮点之七，催生政策，以生态汾河社会舆论显示公益宣传的驱动力；亮点之八，亮丽书写，以生态汾河文化活动显示公益宣传的吸引力；亮点之九，社会共鸣，以生态汾河立体活动显示公益宣传的参与力；亮点之十，河铺锦绣，以生态汾河环境改善显示公益宣传的公信力。

山西省环保厅作出肯定：环境保护舆论先行，山西环保实践取得的成就，宣传舆论功不可没。环保部宣教司推荐山西经验：形式新颖，主题突出，吸引力强，很受振奋，供全国各地借鉴。中华环保基金会高度评价：策划深细，组织严密，参与广泛，社会影响显著，是环保公益宣传的典范。

山西环境保护实现了历史性的转变，山西环保宣传，引领和促进了这个伟大的转变。山西绿色转型正实现历史性的跨越，山西环保宣传，助力和推动着这个伟大的跨越。

环保部部长周生贤指出，全国“十一五”环保的第一个转变，就是社会环境保护认识发生了重大转变，全社会关心支持和参与环保的氛围更加浓郁，公众环境意识显著增强。

这是对中国环境保护的最高度的概括，也是对中国环境宣传教育最精当的评价。这个时候，中国环境保护正迈出新的跨步，中国环境宣传也迈出新的跨步。

山西环境保护宣传又吹响新的号角，山西环境保护宣传又确定新的目标。这就是，创造生态文明宣传教育的全国一流，创造转型跨越宣传教育的全国最好！

山西环保公众参与[1]

环境保护部部长周生贤论述“十一五”环保第一个突破性进展时指出，环境保护的认识发生了重大转变，全社会关心支持和参与环保的氛围更加浓郁，公众环境意识显著增强。

山西省环保厅厅长刘向东讲到山西“十一五”环保最大亮点时说：社会环境意识明显提高，政府履责，公众参与，企业承担社会责任，舆论监督在公众参与中发挥了巨大作用。

中国的环境保护，从基本国策，到国家战略，再到国家意志，其政治意义越走越高。山西的环境保护，从公共事务，到民生权益，再到公民意志，其民主意义越来越强。中国环境保护的道路，是由政府环保到公众环保的道路。山西环境保护的新政，是由环境政治到环境民主的新政。

环境保护作为国家意志，是人民意志的凝聚，那么，在山西，环境保护人民意志是如何由人民体现的？环境保护作为民主意志，是公众利益的体现，那么，在山西，环境保护公共利益是怎样由公众实现的？在这本质统一的两个层面之间，环境保护公众参与，成为了一座行动的桥梁。

---

① 本文发表于2012年8月29日《中国环境报》。山西省环境保护厅厅长作出批示认为，文章总结了山西环保新政在探索环保新道路中关注民生重民意，不仅让民众知情，而且让民众参与的做法。山西省环境保护厅《山西环保信息》将文章专刊转载，印发各市学习。

应该说，山西环保时代的公众参与，面对的已经不只是“无环境意识”的历史，而是尚有“不环保观念”的现实。山西的现实矛盾，是经济严重落后与环境严重污染之间的矛盾，是官员 GDP 政绩与环境民生难题之间的矛盾，是严重环境污染与反抗环境污染之间的矛盾，是被冠以“全球污染第一”与甩掉“全球污染第一”之间的矛盾。

山西发起环保攻坚，就是要发起全民环保攻坚的战役；山西打造环保强势，就是要打造全民环保强势的行动。于是，强化公众环境意识，拨扭社会环境观念，维护公众环境权益，伸张社会环保正义，由公众自觉而至于公众参与，由公众参与而至于公众行动，就成为山西实现国家环保意志的直接杠杆，也成为山西实现人民环保意志的根本途径。

营造强大氛围：让公众“想参与”

全方位铺开环境保护社会化宣传教育行动，强化环保舆论氛围，强化公众环境意识，凝聚公众关注环保、关心环保、参与环保的激情与理性，解决社会公众“想参与”的问题。

中国环境保护的历史，是环境保护社会化的历史，是由政府主导到公众参与的历史。而政府主导与公众参与之间，是宣传教育发挥了巨大的动员和激发作用。为什么说环保靠宣传起家，环保靠宣传发展？就是因为，宣传教育是环境保护巨大而不竭的动力源泉。它让社会知道，公众有权维护自身的环境权益，公众有权履行社会性环保公益。

山西作为曾经经济困境和环境污染严重的地方，强化公众环境意识不仅仅是解决“环境意识有无”的问题，而且是解决“环境意识对否”的问题。没有环境意识对于社会是一种危机，而悖谬环境意识往往比没有环境意识更具危害。所以，在全社会强化提升环境意识，拨乱反正环境观念，就成为山西环保攻坚决战的宣传号角和舆论前奏。

环境意识之问：评判环境政绩。2006 年，山西开展“百县千企万民环境意识大调查”，84% 的民众认为环境污染已威胁到人群健康，91.38% 的民众认为环境污染已影响经济发展， 71.01% 的民众不愿意财政收入领先而环境污染严重城市市长留任，89.66% 的民众认为应该实行领导干部政绩考核环保一票否决制，84.77% 的民众认为地方保护主义是环保最大障碍，91.33% 的民众强烈呼吁要让环保执法硬起来。调查给公众搭建了评价政府环保的平台，公众意见迅速进入政府施政渠道，成为山西环保执法的参考。

环境公益之旅：播撒环保火种。2006—2010 年，山西连续开展大学生环保社会实践活动，组织全国 120 所高校 3 000 名学生实施“走进汾河”主题宣传活动，走进社区，走进机关，走进企业，走进农村，奔波于 100 多个县市 1 000 多个村庄，问卷、调查、演说、宣讲、采访、撰文，将理念传播于农民，把政策宣讲于公众，使法律普及于社会，让社会深刻认识到：乡土工业曾经由农村包围城市，给城市造成了严重污染，而当环境污染由城市向农村蔓延时，落后、贫困与环境污染，就成为农民不堪忍受之重。

环境污染之寻：认识环境现实。2007—2008 年，山西开展污染源普查宣传活动，印发宣传制品 100 多万份，发起宣传行动 200

多次，组织300名骑游队员赴百县千企普及宣传，多家电视媒体播出公益广告500多次，新闻媒体全方位刊播新闻报道2 000多条，全省城市设立标牌广告3 000多块，动员全省人民参与第一次全国污染源普查，让人民认识所处的环境现实，看到中国污染第一的省份，环境问题究竟怎样威胁人的生存和社会发展，进而相信，国家启动污染源普查，就是要对环境污染发起全面清剿。

环境舆论之伐：批驳环保谬误。2008—2010年，山西组织开展全省污染减排新闻采访活动，与跨世纪的“三晋环保行”衔接贯通，纵横全省11城市100多县市，聚焦“发展经济就要造成污染”的怪论，瞄准“污染减排就是允许排放”的歪理，与企业环境违法行为短兵博弈，与政府官员环保谬论对决交锋，从批判入手，至树立告结，以锋芒毕露的新闻曝光砥砺政府环境行为，让社会明白：环境污染现象发生在企业，而问题的根源却在政府，政府对辖区环境质量的负责，必须从环境法规条文中走向现实的履责。

环境评选之宣：凝聚环境民主。2006—2007年，相继开展山西杰出民间环保人物评选和山西环保形象大使评选活动，由社会公推环保代表，由民间直选环保英雄，社会公众不仅直接参与环境保护，而且直接参与环境保护代言人推选。以一个代言人凝聚一个群体，以一个英雄带动一片社会，推选方式成为参与方式，推选过程成为影响过程，全部过程让社会看到：即使在全国污染最重地方，仍有不惮沉重压力为环境奔走的人，仍有不惜流失生命为环保攻坚的人，而就是这些，激起的是崇高的社会荣誉和责任。

环境论坛之声：强化环保政治。2007—2010年，山西接连开展党政领导干部环保培训论坛，从环境保护的政治意义观察环境保护的战略走势，从环保新政的政治措施探寻环境民生的解决途径，以社会主流意识舆论培植社会主流意识形态，使作为社会政治精英的官员清楚，动员公众参与环境保护的要害，在于提升公众的环境意识，而提升公众环境意识的前提，是必先提升官员的环境意识；动员公众参与环保的实质，在于解决环境民生问题，而环境民生就是政治问题，解决环境民生问题，正是官员的政治责任。

环境文化之耕：重塑环境理念。2009—2010年，山西开展生态汾河大型公益宣传系列活动，以社会宣传活动、新闻宣传活动、文化宣传活动、摄影宣传活动和宣传展示活动直通社会公众，公众参加者人数上万，影响人群数十万之众；高层官员助阵，国内媒体助力，社会民众助威，以强大的轰动效应推出一个理念：生态汾河是线性的河流、平面的河流、立体的河流、生态文明的河流，所有政府的力量，是生态汾河的建设力，所有公众的力量，是生态汾河的助推力，政府力量和公众力量，是重建生态汾河的原动力。

环境节日之聚：推起环保盛会。2006—2010年，山西持续开展世界环境日公众集会，所有的城市在广场聚会，所有的广场为环境沸腾，世界环境日集会成为每个城市最大的公众聚会。聚会向全社会昭示：环境保护不仅是维护个人生存的环境权益，而且在于发展人类共同生存的环境公益；环保参与不仅是每个公民的维权行动，而且是每个公民的公益行动。政府把公众动员起来，公众为环境行动起来，就是要将全球化的环境节日推向社会化，将社会化的环境节日推向世俗化，让环境行动成为社会公众的自觉行动。

打造强力平台：让公众“能参与”

立体化构建环境保护社会公众参与的平台，强化信息公开措施，强化公众参与渠道，保证公众享有环保知情权、表达权、参与权和监督权，解决社会公众“能参与”的问题。

社会环境意识的提升，是环境保护社会化的开端，而社会环境行为的落实，才是环境保护社会化的归宿。环境保护公众参与，公众之于环保，由知情权到表达权，由表达权到参与权，由参与权到监督权，由监督权到享受权，实际是一种环境保护利益和环境保护公益的实现过程。正是这个过程，将环境保护的政府主导和民生呼应融合在一起。

山西环保攻坚要解决的最大问题，就是环境质量的快速改善问题，而山西环境质量的快速改善，是山西公众呼唤已久的难题。山西动员公众参与环保，就是要公众参与到环境保护的攻坚中来，参与到环境形象的改善中来，参与到环境质量的检验中来。我们说，人民满意不满意，是对环境质量的检验，实际上，其首先是对环保公众参与的检验。

信息公开平台：打造环保公信力。设立电子触摸屏，公开环境保护的法律法规、政策文本、行政审批、办事程序，让行政公权不再封闭在官员手里，而是在阳光下运行。构建信息发布网，公开环境保护的政府信息、部门信息、企业信息、社会信息，让行政资源不再封锁在大楼之中，而是让全社会共享。举行新闻发布会，公开环境保护的执政决策、创新措施、执法行动、环境指标，让行政动态不再循环在简报之间，而是放大在媒体上。2006—2010 年，山西公开环境信息 22 353 条，发布环境新闻 9 000 多条，形成了山西历史性的环境信息大突破。据讯，一位上海律师，曾经为了求证中国环保信息公开化现实，拟将若干省份列为追踪质询的重点，信息公开遭遇了挑战。然而，当其从山西公开的环保信息中发现山西正发起强大的环保攻坚行动之时，当即停止了对山西环保的质疑和追问。

公众参与平台：打造环保亲和力。开通环保举报热线，全省130个市、县、区环保部门设立了“12369”环保举报热线，仅2010年，受理环境举报7 167件，结案率达98%。开设网络投诉信箱，山西环保网畅通“厅长信箱”、“投诉举报”、“在线咨询”、“民意征询”，5年受理公众投诉358件，回复率达100%。开门接受环境信访，实行首长负责制、领导包案制、定期回访制、联席会议制、监督制约制，5年受理环境信访932件，办结率达100%。开展环评公众参与，所有环境影响评价项目征求公众意见，公众参与成为环境管理重要环节，5年审批2 830个项目，公众参与率达100%。据说，一个著名的葡萄酒庄园区，被一个重型的焦化项目威胁，酒庄举报到山西省环保厅，厅长刘向东亲力协调，最后，焦化项目易地建设为循环经济园区，一个可能形成的污染园区，变成了两个清洁生产园区。

社会舆论平台：打造环保监督力。组织三晋环保行记者采访品牌活动，以人大监督、媒体监督、公众监督、执法监督、政府督办合力互动，形成对环境违法和环境污染的舆论威慑。组织山西污染减排新闻采访媒体活动，以现场监督、内参监督、曝光监督、约谈监督、新闻监管强力直击，形成对污染企业和地方政府的舆论震动。组织山西房地产领域环保采访活动，以公众举报、新闻监督、环保监察、环境监测、环保督办互动合围，形成对著名企业和房产大鳄的舆论压力。曾经，一群居住在一个著名房地产园区的居民，日日遭受一个著名电子企业的污染，无奈之下，群起而维权，揭发，举报，状告，引发媒体曝光，引发网络声援，最终引发了山西环保界对房地产领域和现代电子企业的执法行动，房产企业由于违背环评法律而遭到严厉查处，电子企业由于没有提升治理标准而被责令限期治理。

公众评议平台：打造环保支持力。山西人大组织代表评议环保，将环保难题曝光于人民面前接受审视，代表们揣着挑战来，疑问、质问、追问，最后留下话语：环保局长如果被免职，我们全村父老为环保请愿。山西政协组织委员评议环保，把环保热点晾晒于社会面前接受询问，委员们带着忧患来，疑虑，焦躁，激愤，末了亮出态度：山西环保难度全国一流，期待创造一流的业绩。山西城市组织市民评议环保，将环境质量摆上质疑的平台接受考察，市民以怀疑与挑剔，横比，竖比，看企业，看城市，一次比一次放心，最后，对环境质量指标不再质疑。山西政府组织社会评议环保，把环保行风提到拷问的高度接受检验，公众以问难与问责，问事，问理，看行风，看效能，一次比一次苛求，然而终于把环保推升到一流位置。而今，山西没有人不承认，山西环保创造了历史一流和中国一流的业绩，就像山西曾经没有人相信，山西会摘掉全球污染第一帽子？

创造强势机制：让公众“常参与”

多层次建设环境保护社会公众参与机制，强化公众参与法制，强化公众行动政策，确保环境保护公众参与进入制度化、规范化、常态化轨道，解决社会公众“常参与”问题。

环境保护靠宣传起家，环境保护靠法制保障。环境保护宣传靠法制保障，环境保护公众参与也靠法制保障。《宪法》规定：公民对任何国家机关和国家工作人员有提出批评和建议的权利，对其违法失职行为，有提出申诉、控告或者检举的权利。《环境保护法》规定：一切单位和个人都有保护环境的义务，并有权对污染和破坏环境的单位和个人进行检举控告。国家为此出台《国务院信访条例》、《环境信访办法》、《政府信息公开条例》、《环境信息公开办法》、《环境影响评价公众参与暂行办法》，专门保障环境保护公众参与。

山西环保新政以创新环保法制措施而实现突破，山西环保攻坚以突破环保政策制度而实现跨越。山西为环保新政措施如区域限批、三停制裁、环境问责、环保否决、自动监控、末位淘汰、倒逼扣罚、刷卡排污、环保约谈、减排关停，创造了法制保证，山西同样为公众参与创造了机制保障。而正是公众参与机制的构建，使环保公众参与走向了现实，也使环保公众参与获得了法律化、制度化、常规化实现。

《山西省环境信访工作制度》：将环境信访的规范过程、受理程序、办案质量、信访秩序作了严格规定，明确提出，要保护信访人的合法环境权益。所有环境信访事项要进行立案登记，建立信访档案；所有环境信访事项要有查办过程、查办结果和反馈意见；环境信访事项办理过程发现的问题，受理部门要及时督办；新闻媒体和社会团体反映的问题，必须向相应机构书面反馈。对违反信访规定，行政不作为或行政乱作为的环保责任人，依法实施责任追究。这个制度，将国家、山西的信访法规第一次落到环境保护领域，使环境保护执法行动为公众参与所导引从而所向披靡。

《山西省重点工业污染监督条例》：就山西环保新政所有创新措施引入法制化轨道，明确规定，公众对重点工业污染监督工作享有知情权、参与权、监督权。排污企业应该公开相关信息，听取公众意见，接受公共监督；任何单位和个人都有权对环境污染的行为及环保部门的违法行为进行检举和控告；任何单位和个人不得打击报复检举人、控告人；检举人、控告人反映情况经查证属实应给予奖励；污染物超标排放或者超过总量控制指标的污染严重企业名单，环保部门应在当地主要媒体定期公布，接受公众监督。这个条例，将环保公众参与作为了环保新政的基础性措施。

《山西省环境保护公众参与办法》：将公众获取环境信息、公众参与环境立法、公众参与环境管理、公众参与环境监管作了法律规定，明确指出，公众参与遵循广泛、平等、民主、公开的原则。公众有权获取环境信息，公众有权批评政府，公众有权检举环境污染，公众有权控告环境违法，公众有权提出环保建议；环保部门未按规定发布环保信息、未按规定答复公众举报、未听取公众意见擅自审批项目，责任人将被依法追究和处分。这个办法是国内第一个公众参与政府规章，保证了山西环保公众参与，推进环境决策、环境管理、环境执法、环境监管全过程实现阳光作业。

《山西省环境保护新闻发布制度》：就建立规范的环境新闻发布渠道，确保环境新闻发布主动、及时、准确、权威，做出制度设计。设立新闻发言人制度，对新闻发布会内容、范围、管理、组织、纪律作出了明确规定，即，新闻发言人代表山西省环保厅，通过新闻媒体向社会发布环境新闻；新闻发布会通报情况、宣传政策、解惑释疑、说明立场，就媒体和公众关心问题作答；未经批准，任何人不得代表山西省环保厅擅自发布新闻；对违规发布造成不良影响的，追究当事人责任。山西是较早开启环境新闻发布的省份，这个制度，使山西环境新闻发布的实践实现了制度化突破。

《山西省环境保护舆论监督制度》：将环境舆论监督定位于新

闻媒体通过内参或公开报道的形式揭露和批评环境问题并促使问题解决；以环境违法违规、侵害群众环境合法权益、领导干部环保不作为行为为监督重点。规定，被批评单位不得以任何手段干扰新闻舆论监督；舆论监督所涉企业和个人封锁消息、隐瞒事实、拒绝接受舆论监督，扣压采访证件和设备、限制人身自由、威胁人身安全、实施打击报复；舆论监督人员违纪违规，将依法处理。这个制度被媒体热评为：全国第一个为环境舆论监督提供制度支撑的规范性文件，表明权力部门不断开明，创造条件向我开炮。

《山西省违法排污行为社会举报制度》：就公众参与环境保护监督管理，严厉打击环境违法行为，作出政策鼓励规定。特别指出，举报环境违法行为实施奖励制度；各单位和个人都有举报环境违法行为的权利；环保部门对举报人负有保密义务；举报环境违法行为经查实给予行政处罚的，举报人有权获得每次最高奖金 1 000 元的奖励；对拒不受理群众举报或不依法查处、应当给予奖励而不予奖励、未经举报人同意泄露举报人情况，依法追究行政或刑事责任。这个制度被媒体广泛报道，326 名公众先后了获得举报奖励，山西由此形成政府和公众合力围剿违法排污行为的攻势。

山西进入环境保护的政治时代，而环境保护的政治时代也是环境保护的民主时代。正如山西环保厅大门两边曾经树立的巨大标语牌所示："环境是政治"，"环境是民生"。

山西环境保护所有的一切，都是为了环境民主和环境民生，都是为了，创造一个绿色清秀的生态环境，创造一个循环清洁的生产环境，创造一个宁静清新的生活环境，带给人民以生态文明的福祉。

山西政府是公众参与的发起者，社会公众曾经没有环境觉醒的时候，我们的政府启蒙公众关注环境，动员公众参与环保，而当社会公众觉醒之后，社会监督的触角指向了政府，但我们的政府没有叶公好龙，而是说，政府的初衷，就是保障社会监督政府的权利。

环保部门是媒体参与的动员者，社会媒体曾经没有环境意识的时候，我们环保部门发动媒体关注环境，动员媒体参与环保，而当社会媒体行动之后，舆论监督的矛头指向环保部门，但环保部门没有叶公好龙，而是说，环保的目的，就是保障公众监督环保的权利。

宣教机构是网民参与的鼓励者，网络公民曾经没有环境关怀的时候，我们宣教机构吁请网络关注环境，鼓动网民参与环保，而当网络世界活跃之后，舆情监督的锋芒触动环境保护，但宣教机构没有叶公好龙，而是说，宣传的效应，就是实现网民监督社会的权利。

于是，山西省人民政府向公众交出这样的答卷——污染减排提前超额，排名跃居全国前列：至2010年，山西二氧化硫净减量1.91万吨，较2005年削减17.59%，超额3.59%完成“十一五”14%污染减排目标；山西化学需氧量净减排量1.13万吨，较2005年削减13.89%，超额0.89%完成“十一五”13%污染减排目标。

于是，山西环保部门向媒体发出这样的信息——环境质量明显改善，终于实现历史突破：至2010年，11个省辖市10个达到国家空气质量二级标准，空气优良率达95.1%，84个县市空气质量达国家二级标准，空气优良率达95.9 %；全省地表水重污染断面首次下降到51.5%，汾河上游，20年来首次达到一类水质标准。

于是，山西宣教机构向网民作出这样的发布——污染指数大幅降低，环境形象快速提升：2010年较2005年，空气污染指数年均下降61.9%，可吸入颗粒物年均下降47.2%，二氧化硫年均下降73.2%。国家考核的重点城市全部甩掉“污染黑帽”，所有城市跳出全国倒数 22 位的行列，山西城市实现了里程碑式的跨越。

国家统计局山西调查队环境保护满意率调查显示，2009 年，山西公众对环境保护平均满意度为 65%，比 2006 年提高了 31 个百分点。

当然，公众远未达到理想的满意度，但公众的不满意度，不正标志着，它是山西环保发展的原动力？社会仍然具有崇高的期望值，但社会的期望值，不正标志着，它是山西社会进步的新指向？

后记

在2012年行将过去的时候，我所居住的城市太原，突破了多少年来的环境困境，达到了国家空气环境质量的二级标准，扫平了山西省辖城市在这一标准上的最后一个空白。我是很高兴的。

在这样一种情景之中，我把曾经发表在山西报刊和环境报刊的报道集在这里，命名为《山西之变》，就是想展示山西环保的现实历程，所以有了一个副题：中国内陆一叶的环境发展报告。

这些报道，虽然发表在不同的时间，但我在写作它们的时候，是作为一个“山西环保”系列来写的。我想用这样一个系列，记录一段前所未有的环保历史，反映一段别开生面的环境现实。

因为，我写作这个系列报道的时期，山西正处于被称作“环保新政”的时期。这些报道，基本是山西环保新政的见证和记录。它见证了山西环保新政的创新，记录了山西环保新政的业绩。

报道发表后，或被网络转载，或被同行肯定，或被报社讲评，或被推荐评奖，或被基层评价，或被领导批示，或被研究机构引用，或被政府部门借鉴，其引起的社会反响是我不曾想到的。

我在采访、研究、写作山西环保的时候，力求以独到的视角、思考、写法表现我所关注的东西，几乎每个作品都是像做课题一样做下来的。虽然是新闻性的东西，但我总希望做出些特点。

其实，我们作为现实的记录者，世界发生的事情就在那里，你关注不关注，它就在那里。但是你要做文章，就应该像做课题一样有所发现，像做创作一样有所表现，像做艺术一样有所呈现。

这是我采访、研究、写作所遵循的一个原则，所追求的一个境界。至于这个愿望是不是达到了，我不知道。报道发表时是有过些影响的，但现在把它们集在一起读者将如何看？还有待检验。

不过，在我自己看来，因为这个系列的写作，是作为一种写作尝试或写作实验来进行的，所以文章存在“格式化”的倾向，存在一些削足适履的地方。这成为了一种局限，也是我要汲取的。

我相信，我所居住的城市会越来越好，我所生活的地域会越来越好，我们关注的环保事业会越来越有为，我们从事的环境宣传会越来越可为。生态文明时代，当会有好的生态文明作品产生。

2012 年 12 月 31　日于太原汾河岸畔